W0372045

Formelsammlung

Mathematik
Physik
Chemie

Rupert Ernhofer (Hrsg.)
Roland Puchtinger

bsv Oldenbourg

Algebra

$a = b$	a ist gleich b
$a \neq b$	a ist nicht gleich b
$a < b$	a ist kleiner als b
$a \leqq b$	a ist kleiner oder gleich b
$a > b$	a ist größer als b
$a \geqq b$	a ist größer oder gleich b
$a \triangleq b$	a entspricht b
$a \sim b$	a ist proportional zu b

$a \approx b$	a ist ungefähr gleich b
$5 \mid 10$	5 teilt 10
$3 \nmid 10$	3 teilt 10 nicht
$\lvert x \rvert$	x absolut, x Betrag $\lvert x \rvert = \begin{cases} x, \text{ wenn } x \geqq 0 \\ -x, \text{ wenn } x < 0 \end{cases}$
$\sqrt{x}$	Wurzel aus x
a^k	a hoch k (Potenz)
$a \mapsto b$	a wird b zugeordnet

Mengen

$\emptyset$	Leere Menge
$\mathbb{N}$	Menge der natürlichen Zahlen
$\mathbb{N}_0$	Natürliche Zahlen mit der Null
$\mathbb{Z}$	Menge der ganzen Zahlen
$\mathbb{Q}$	Menge der rationalen Zahlen
$\mathbb{R}$	Menge der reellen Zahlen
$\mathbb{R}^+$	Positive reelle Zahlen
$\mathbb{R}_0^+$	Positive reelle Zahlen mit der Null
$\mathbb{D}$	Definitionsmenge
$\mathbb{W}$	Wertemenge
$\mathbb{L}$	Lösungsmenge
$\mathbb{T}_{12}$	Menge der Teiler der Zahl 12
$\mathbb{V}_5$	Menge der Vielfachen der Zahl 5
$\mathbb{P}$	Menge der Primzahlen

$\{a, b, \ldots\}$	Menge in aufzählender Form
$\{x \mid \ldots\}$	Menge in beschreibender Form (Menge aller $x \ldots$)
[a; b]	abgeschlossenes Intervall
]a; b] [a; b[	halboffene Intervalle
]a; b[	offenes Intervall
$a \in M$	a ist Element von M
$a \notin M$	a ist nicht Element von M
$A \subset B$	A ist echte Teilmenge von B
$A \subseteqq B$	A ist Teilmenge von B
$A \cup B$	Vereinigungsmenge, A vereinigt mit B
$A \cap B$	Schnittmenge, A geschnitten mit B
$A \setminus B$	Restmenge, A ohne B
$A \times B$	Produktmenge, A kreuz B

Logik

$A \wedge B$	A und zugleich B
$A \vee B$	A oder auch B
$A \Rightarrow B$	aus A folgt B
$A \Leftrightarrow B$	A genau dann, wenn B; A äquivalent zu B

Geometrie

A, B, ...	Punkte
AB	Gerade durch A und B
[AB]	Strecke mit den Endpunkten A und B
[AB	Halbgerade durch B mit dem Anfangspunkt A
$\overline{AB}$	Länge der Strecke [AB]
$g \perp h$	g steht senkrecht auf h; g ist orthogonal zu h
$g \parallel h$	g ist parallel zu h
α, β, γ	Winkelmaße
$\sphericalangle$ BAC	Winkel mit Scheitel A und den Schenkeln [AB und [AC
$\triangle$ABC	Dreieck mit den Eckpunkten A, B, C
$k(\mathrm{M}; r)$	Kreis mit dem Mittelpunkt M und dem Radius r
P(x|y)	Punkt mit den kartesischen Koordinaten x und y
$\mathrm{P}(r\|\varphi)$	Punkt mit den Polarkoordinaten r und φ
a ~ b	a ist ähnlich zu b
$a \cong b$	a ist kongruent zu b
$\mathrm{A} \mapsto \mathrm{B}$	A wird abgebildet auf B
$\mathrm{d}(\mathrm{P}; g)$	Abstand des Punktes P von der Geraden g

Vektoren

$\vec{a}$	Vektor
$\overrightarrow{AB}$	Verbindungsvektor von A nach B
$\|\vec{a}\|$	Betrag des Vektors $\vec{a}$
$\begin{pmatrix} x \\ y \end{pmatrix}$	Spaltenschreibweise eines Vektors
$\begin{vmatrix} a & b \\ c & d \end{vmatrix}$	zweireihige Determinante
$\begin{pmatrix} a & b \\ c & d \end{pmatrix}$	Matrix
$\vec{a} \oplus \vec{b}$	Summe zweier Vektoren
$k \cdot \vec{a}$	Produkt aus Zahl und Vektor
$\vec{a} \odot \vec{b}$	Skalarprodukt zweier Vektoren
$\begin{pmatrix} a & b \\ c & d \end{pmatrix} \odot \begin{pmatrix} e \\ f \end{pmatrix}$	Produkt aus Matrix und Vektor

Mengen

Teilmenge	$A \subseteq B \Leftrightarrow (x \in A \Rightarrow x \in B)$	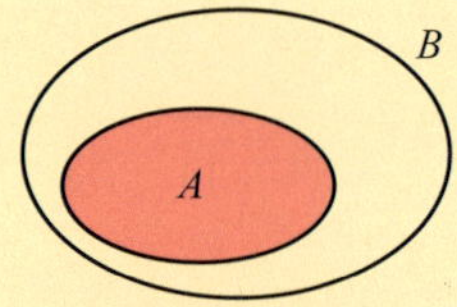
Vereinigungsmenge	$A \cup B = \{x \mid x \in A \vee x \in B\}$	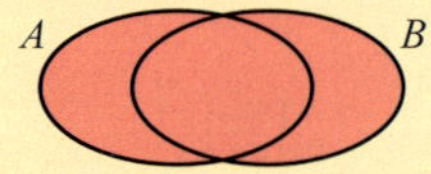
Schnittmenge	$A \cap B = \{x \mid x \in A \wedge x \in B\}$	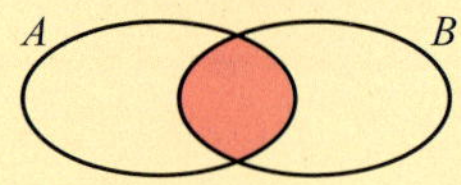
Restmenge	$A \setminus B = \{x \mid x \in A \wedge x \notin B\}$	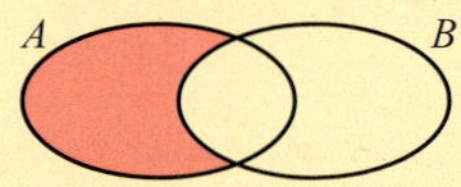
Produktmenge	$A \times B = \{(x \mid y) \mid x \in A \wedge y \in B\}$ Menge aller Zahlenpaare, deren erste Koordinate aus A und deren zweite Koordinate aus B ist.	

Intervalle

Abgeschlossenes Intervall	$[a; b] = \{x \mid a \leqq x \leqq b\}$	
Halboffene Intervalle	$]a; b] = \{x \mid a < x \leqq b\}$ $[c; d[= \{x \mid c \leqq x < d\}$	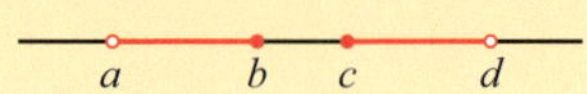
Offenes Intervall	$]a; b[= \{x \mid a < x < b\}$	

Gesetze

Kommutativgesetze	$a+b=b+a$	$a \cdot b = b \cdot a$
Assoziativgesetze	$(a+b)+c=a+(b+c)$	$(a \cdot b) \cdot c = a \cdot (b \cdot c)$
Distributivgesetz	$a \cdot (b+c) = a \cdot b + a \cdot c$ $(a+b) \cdot c = a \cdot c + b \cdot c$	
Multiplikation von Summen	$(a+b) \cdot (c+d) = a \cdot c + a \cdot d + b \cdot c + b \cdot d$	
Produkt gleich null	$a \cdot b = 0 \quad \Rightarrow \quad a = 0 \vee b = 0$	

Binomische Formeln

1. binomische Formel	$(a+b)^2 = a^2 + 2 \cdot a \cdot b + b^2$
2. binomische Formel	$(a-b)^2 = a^2 - 2 \cdot a \cdot b + b^2$
3. binomische Formel	$(a+b) \cdot (a-b) = a^2 - b^2$

Bruchrechnen

Addition, Subtraktion	$\frac{a}{c} \pm \frac{b}{c} = \frac{a \pm b}{c}$ Gleiche Nenner	$\frac{a}{b} \pm \frac{c}{d} = \frac{a \cdot d \pm c \cdot b}{b \cdot d}$ Verschiedene Nenner
Multiplikation, Division	$\frac{a}{b} \cdot \frac{c}{d} = \frac{a \cdot c}{b \cdot d}$	$\frac{a}{b} : \frac{c}{d} = \frac{a}{b} \cdot \frac{d}{c}$
Erweitern, Kürzen	$\frac{a}{b} = \frac{a \cdot m}{b \cdot m}$	$\frac{a}{b} = \frac{a : m}{b : m}$
Kehrwert	$\frac{a}{b} \cdot \frac{b}{a} = 1$	$a \cdot \frac{1}{a} = 1$

Vorzeichenregeln

Addition, Subtraktion	$a-(-b)=a+b$		$a+(-b)=a-b$
Multiplikation	$a\cdot(-b)=-a\cdot b$		$(-a)\cdot(-b)=a\cdot b$
Division	$\frac{a}{-b}=-\frac{a}{b}$	$\frac{-a}{b}=-\frac{a}{b}$	$\frac{-a}{-b}=\frac{a}{b}$
Inversionsgesetz	$a>b$ und $c<0$:	$a\cdot c<b\cdot c$	$\frac{a}{c}<\frac{b}{c}$

Prozent- und Zinsrechnung

Prozent	$p\,\%=\frac{p}{100}$	$1\,\%=\frac{1}{100}$
Grundgleichung	$P=G\cdot\frac{p}{100}$	P Prozentwert G Grundwert p Prozentsatz
Tageszinsen	$Z=K\cdot\frac{p}{100}\cdot\frac{t}{365}$	Z Zinsen K Kapitel p Zinssatz t Anzahl der Tage

Proportionalität

	Direkte Proportionalität	Indirekte Proportionalität
Definitionen	$y\sim x \Leftrightarrow \frac{y}{x}=m$	$y\sim\frac{1}{x} \Leftrightarrow y\cdot x=a$
Gleichungen	$y=m\cdot x$	$y=\frac{a}{x}$

Graphen

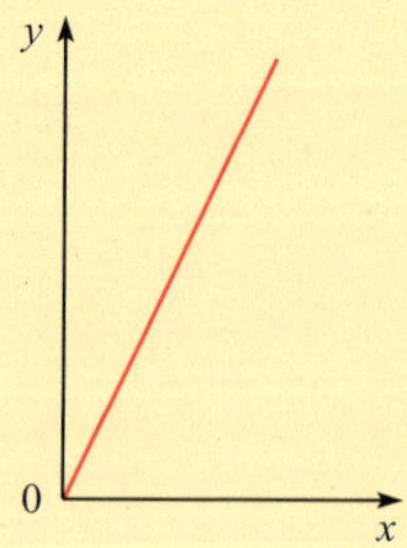

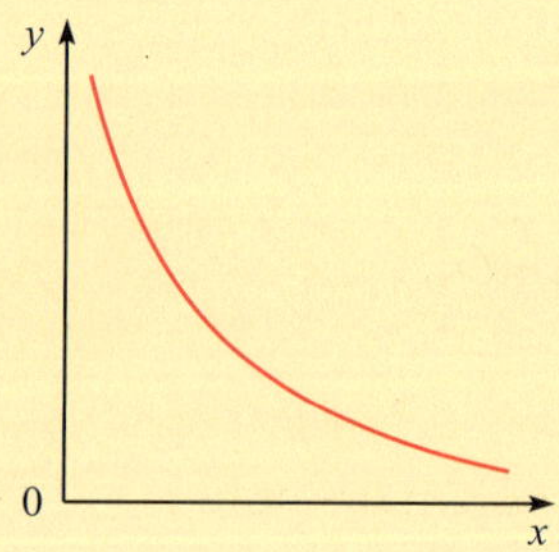

Potenzen

Potenz a^n — Exponent: n, Basis: a

Definition	$a^n = \underbrace{a \cdot \ldots \cdot a}_{n \text{ Faktoren}}$	$a^0 = 1$ $a^1 = a$
Gleiche Basis	$a^n \cdot a^m = a^{n+m}$	$\frac{a^n}{a^m} = a^{n-m}$
Gleicher Exponent	$a^n \cdot b^n = (a \cdot b)^n$	$\frac{a^n}{b^n} = \left(\frac{a}{b}\right)^n$
Potenzieren	$(a^n)^m = a^{n \cdot m}$	
Negativer Exponent	$a^{-n} = \frac{1}{a^n}$	$\left(\frac{a}{b}\right)^{-n} = \left(\frac{b}{a}\right)^n$
Vorzeichenregeln	$(-a)^n = a^n$, falls n gerade	$(-a)^n = -a^n$, falls n ungerade
n-te Wurzel	$\sqrt[n]{a} = a^{\frac{1}{n}}$	

Logarithmen

Logarithmus $\log_a b$ — Numerus: b, Basis: a

Definitionsgleichung	$x = \log_a b \Leftrightarrow a^x = b$	$a^{\log_a b} = b$
Spezielle Werte	$\log_a 1 = 0$	$\log_a a = 1$
Zehnerlogarithmus	$\lg u = \log_{10} u$	
Rechenregeln	$\log_a(u \cdot v) = \log_a u + \log_a v$ $\log_a\left(\frac{u}{v}\right) = \log_a u - \log_a v$ $\log_a(u^n) = n \cdot \log_a u$	
Basisumrechnung	$\log_a u = \frac{\log_b u}{\log_b a}$	

Quadratwurzel

Definition	$\left(\sqrt{a}\right)^2 = a; \quad a \geqq 0$
Umkehrung	$\sqrt{a^2} = \lvert a \rvert$
Potenzschreibweise	$\sqrt{a} = a^{\frac{1}{2}}$
Multiplikation, Division	$\sqrt{a} \cdot \sqrt{b} = \sqrt{a \cdot b}$ $\qquad \frac{\sqrt{a}}{\sqrt{b}} = \sqrt{\frac{a}{b}}$
Potenzieren	$\left(\sqrt{a}\right)^n = \sqrt{a^n}$

Lineares Gleichungssystem

Berechnung einer zweireihigen Determinante	$\begin{vmatrix} a & c \\ b & d \end{vmatrix} = a \cdot d - b \cdot c$
Gleichungssystem in den Variablen x und y	$\begin{array}{l} a_1 \cdot x + b_1 \cdot y = c_1 \\ \wedge\ a_2 \cdot x + b_2 \cdot y = c_2 \end{array}$
Determinanten des Gleichungssystems	$D_{\mathrm{N}} = \begin{vmatrix} a_1 & b_1 \\ a_2 & b_2 \end{vmatrix} \quad D_x = \begin{vmatrix} c_1 & b_1 \\ c_2 & b_2 \end{vmatrix} \quad D_y = \begin{vmatrix} a_1 & c_1 \\ a_2 & c_2 \end{vmatrix}$
Lösung (falls $D_{\mathrm{N}} \neq 0$)	$x = \frac{D_x}{D_{\mathrm{N}}} \qquad y = \frac{D_y}{D_{\mathrm{N}}}$

Quadratische Gleichung

Allgemeine Form	$a \cdot x^2 + b \cdot x + c = 0$
Diskriminante	$D = b^2 - 4 \cdot a \cdot c$
Anzahl der Lösungen	$D < 0$: Keine Lösung $D = 0$: Genau eine Lösung ($x_1 = x_2$) $D > 0$: Genau zwei Lösungen
Lösungsformel	$x_{1,2} = \frac{-b \pm \sqrt{D}}{2 \cdot a}$
Linearfaktorzerlegung	$a \cdot x^2 + b \cdot x + c = a \cdot (x - x_1) \cdot (x - x_2)$

Relation

Definition	$R = \{(a_1 \| b_1), (a_2 \| b_2), \ldots, (a_n \| b_n), \ldots\}$
Definitionsmenge	$\mathbb{D}_R = \{a_1, a_2, \ldots\}$
Graph	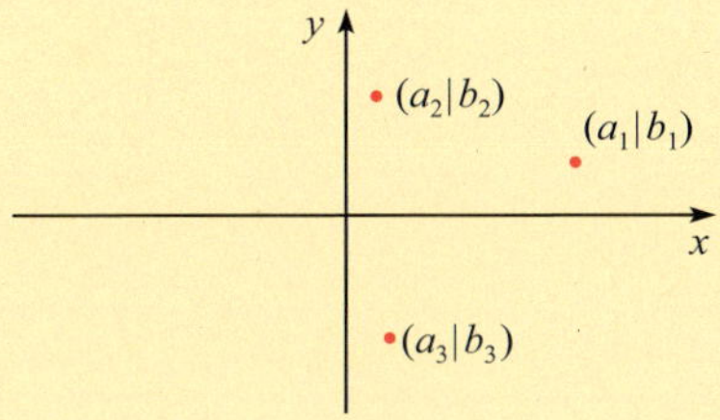
Wertemenge	$\mathbb{W}_R = \{b_1, b_2, \ldots\}$
Umkehrrelation	$R^{-1} = \{(b_1 \| a_1), (b_2 \| a_2), \ldots, (b_n \| a_n), \ldots\}$
Definitionsmenge	$\mathbb{D}_{R^{-1}} = \mathbb{W}_R$
Zusammenhang zwischen den Graphen von R und R^{-1}	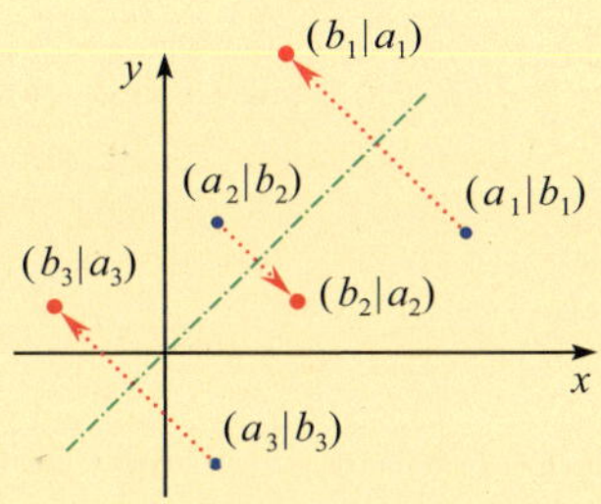
Wertemenge	$\mathbb{W}_{R^{-1}} = \mathbb{D}_R$

Funktion

Definition	Eine Relation heißt Funktion, wenn zu jedem $x \in \mathbb{D}$ genau ein Wert $y \in \mathbb{W}$ gehört.
Nullstelle	a heißt Nullstelle einer Funktion, wenn zu $x = a$ der Funktionswert $y = 0$ gehört.
Umkehrfunktion	Ist die Umkehrrelation einer Funktion ebenfalls eine Funktion, dann heißt sie Umkehrfunktion.

Lineare Funktion

Gleichung	$y = m \cdot x + t$	
Definitionsmenge	$\mathbb{D} = \mathbb{R}$	
Graphen	$m > 0$ 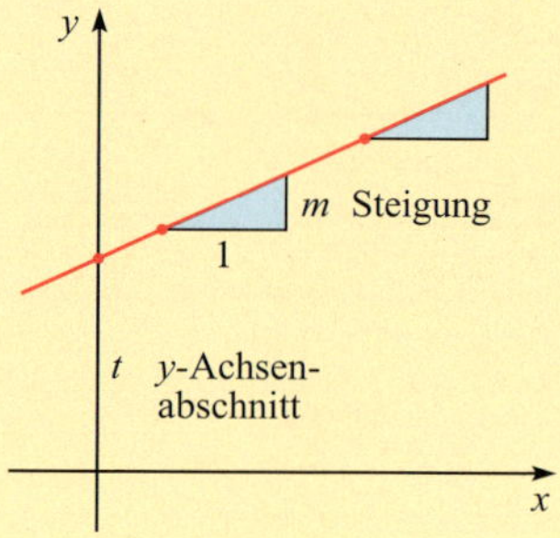 Steigende Gerade	$m < 0$ 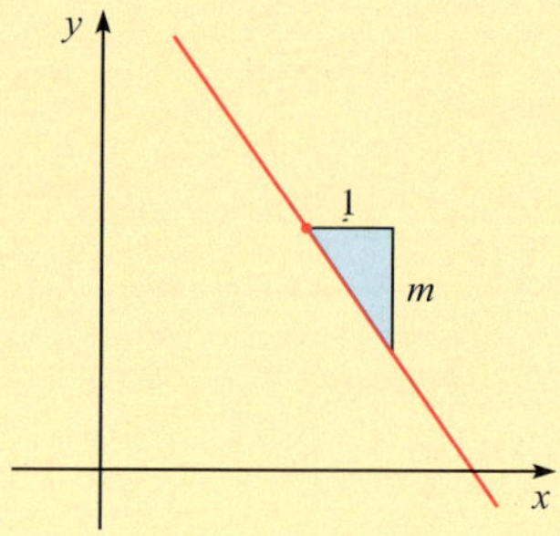 Fallende Gerade
Wertemenge für $m \neq 0$	$\mathbb{W} = \mathbb{R}$	
Steigung	$m = \dfrac{y_B - y_A}{x_B - x_A}$ $m = \tan \alpha$	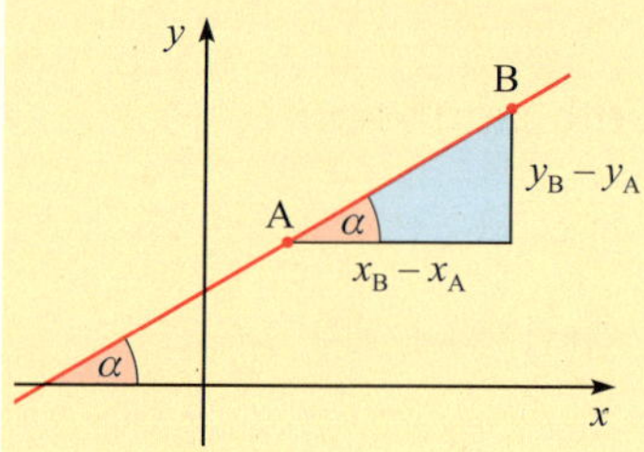
Punkt-Steigungsform	$y = m \cdot (x - x_B) + y_B$	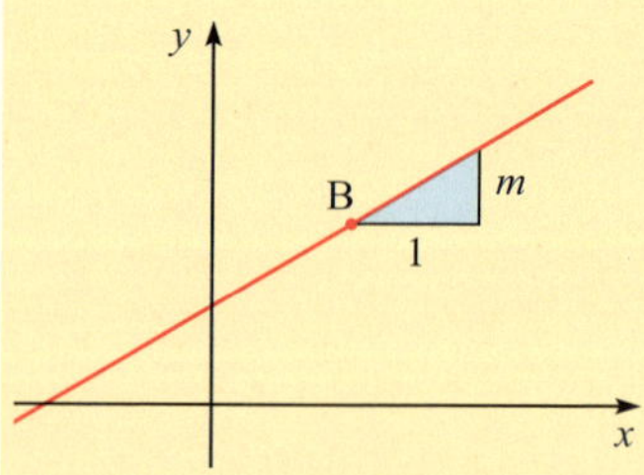
Orthogonale Geraden	$m_g \cdot m_h = -1 \Rightarrow g \perp h$	

Quadratische Funktion

<table>
<tr><td>Gleichung</td><td colspan="2">$y = a \cdot x^2 + b \cdot x + c$</td></tr>
<tr><td>Scheitelform</td><td colspan="2">$y = a \cdot (x - x_S)^2 + y_S$</td></tr>
<tr><td>Scheitel</td><td>$x_S = -\dfrac{b}{2 \cdot a}$</td><td>$y_S = c - \dfrac{b^2}{4 \cdot a}$</td></tr>
<tr><td>Definitionsmenge</td><td colspan="2">$\mathbb{D} = \mathbb{R}$</td></tr>
<tr><td>Graphen</td><td>$a > 0$
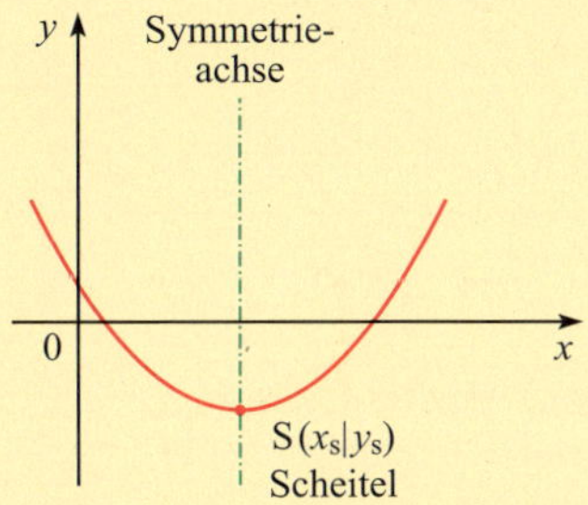

Nach oben geöffnete Parabel</td><td>$a < 0$
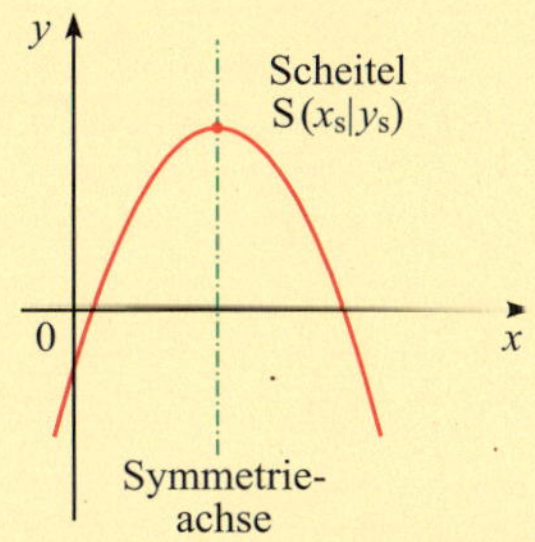

Nach unten geöffnete Parabel</td></tr>
<tr><td>Wertemengen</td><td>$\mathbb{W} = \{y \mid y \geqq y_S\}$</td><td>$\mathbb{W} = \{y \mid y \leqq y_S\}$</td></tr>
</table>

Potenzfunktion

<table>
<tr><td colspan="3">Positiver, natürlicher Exponent</td></tr>
<tr><td>Gleichung</td><td colspan="2">$y = x^n; \quad n \in \mathbb{N}$</td></tr>
<tr><td>Definitionsmenge</td><td colspan="2">$\mathbb{D} = \mathbb{R}$</td></tr>
<tr><td>Graphen</td><td>n gerade
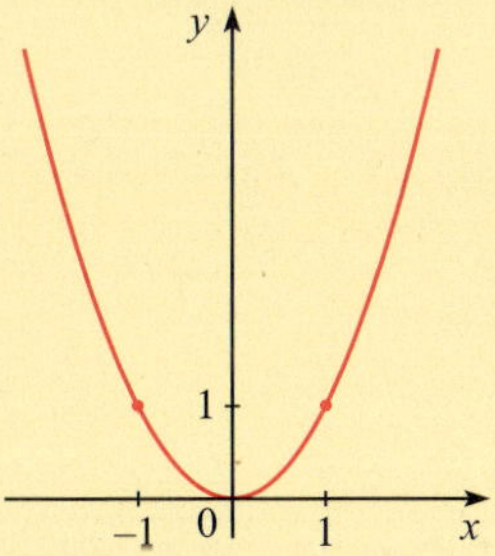

Parabel n-ter Ordnung, symmetrisch zur y-Achse</td><td>n ungerade
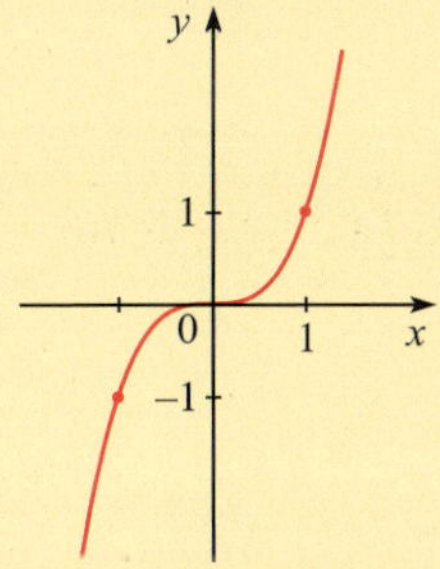

Parabel n-ter Ordnung, punktsymmetrisch zum Ursprung</td></tr>
<tr><td>Wertemengen</td><td>$\mathbb{W} = \mathbb{R}_0^+$</td><td>$\mathbb{W} = \mathbb{R}$</td></tr>
</table>

Negativer, ganzzahliger Exponent		
Gleichung	$y = x^{-n}; \quad n \in \mathbb{N}$	
Definitionsmenge	$\mathbb{D} = \mathbb{R} \setminus \{0\}$	
Graphen	n gerade 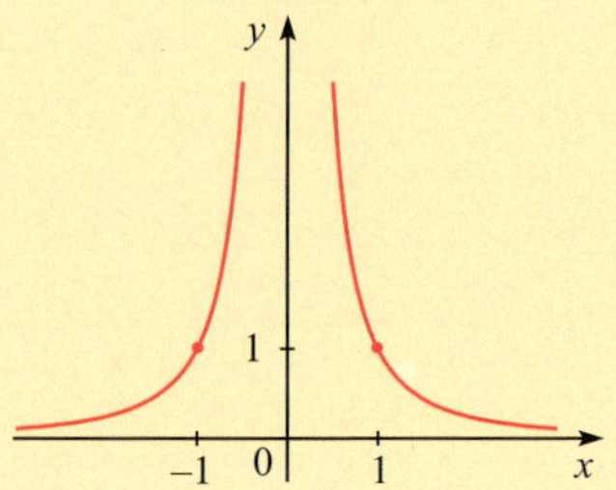 Hyperbel n-ter Ordnung, symmetrisch zur y-Achse	n ungerade 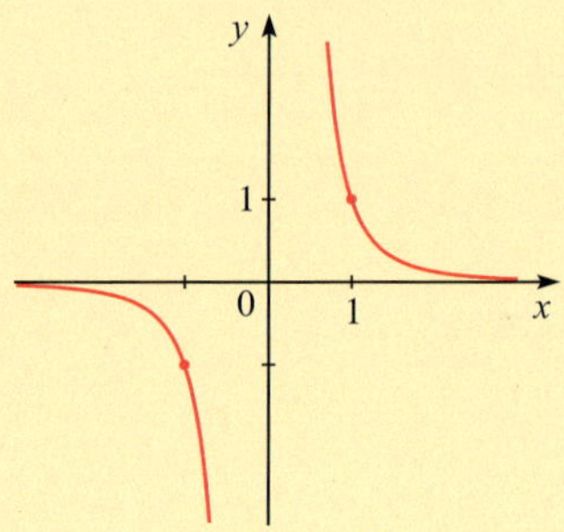 Hyperbel n-ter Ordnung, punktsymmetrisch zum Ursprung
Wertemengen	$\mathbb{W} = \mathbb{R}^+$	$\mathbb{W} = \mathbb{R} \setminus \{0\}$

Rationaler Exponent		
Gleichung	$y = x^{\frac{n}{m}}; \quad \frac{n}{m} \in \mathbb{Q}$	
	$\frac{n}{m}$ positiv	$\frac{n}{m}$ negativ
Definitionsmengen	$\mathbb{D} = \mathbb{R}_0^+$	$\mathbb{D} = \mathbb{R}^+$
Graphen	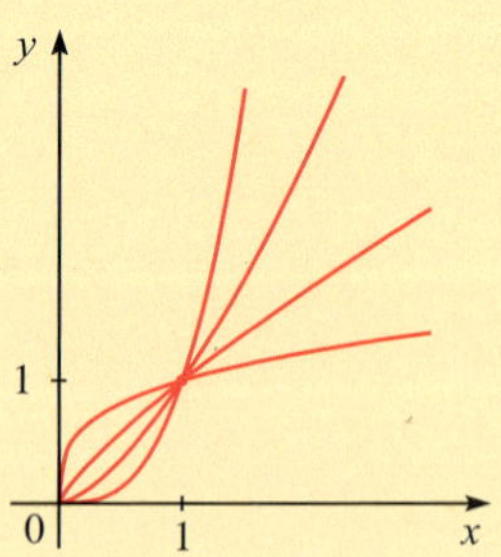	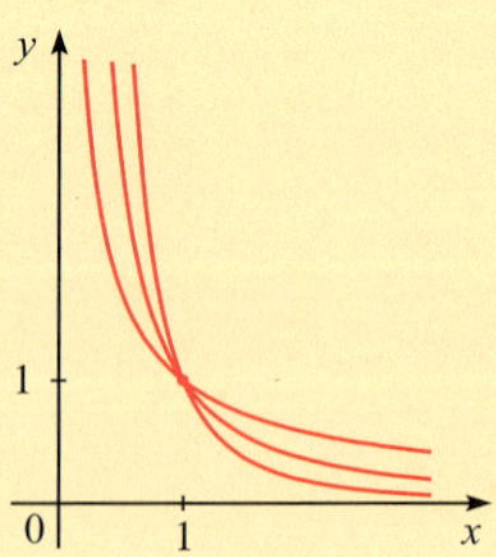
Wertemengen	$\mathbb{W} = \mathbb{R}_0^+$	$\mathbb{W} = \mathbb{R}^+$

Exponenzialfunktion

Gleichung	$y = a^x; \quad a \in \mathbb{R}^+$
Definitionsmenge	$\mathbb{D} = \mathbb{R}$
Graphen	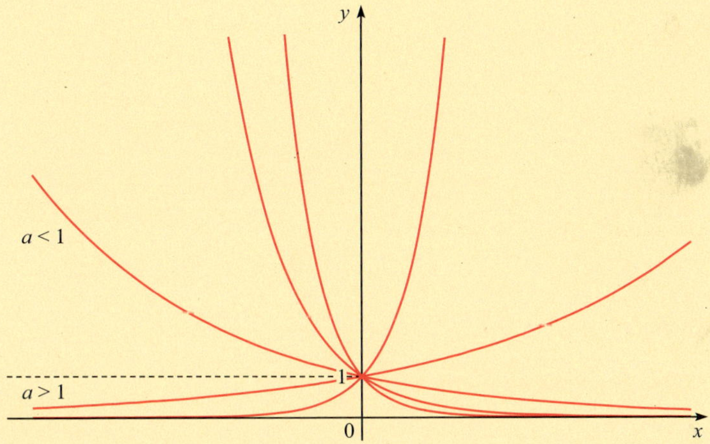
Wertemenge	$\mathbb{W} = \mathbb{R}^+$

Logarithmusfunktion

Gleichung	$y = \log_a x; \quad a \in \mathbb{R}^+$
Definitionsmenge	$\mathbb{D} = \mathbb{R}^+$
Graphen	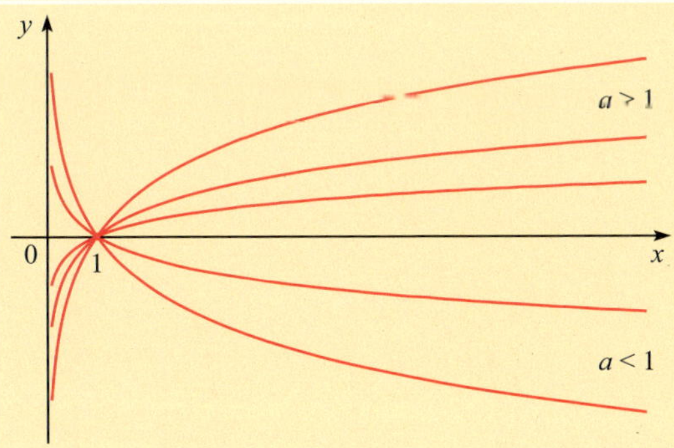
Wertemenge	$\mathbb{W} = \mathbb{R}$

Winkelfunktionen (siehe auch S. 39)

Winkel im Bogenmaß	$360° \mathrel{\hat{=}} 2 \cdot \pi$ $\qquad 1° \mathrel{\hat{=}} \frac{2 \cdot \pi}{360}$
Sinus	$y = \sin x$
Definitionsmenge	$\mathbb{D} = \mathbb{R}$
Graph	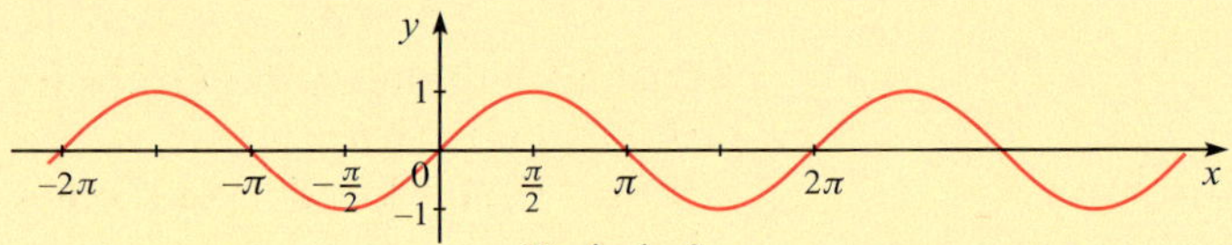 Periode $2 \cdot \pi$
Wertemenge	$\mathbb{W} = [-1; 1]$
Kosinus	$y = \cos x$
Definitionsmenge	$\mathbb{D} = \mathbb{R}$
Graph	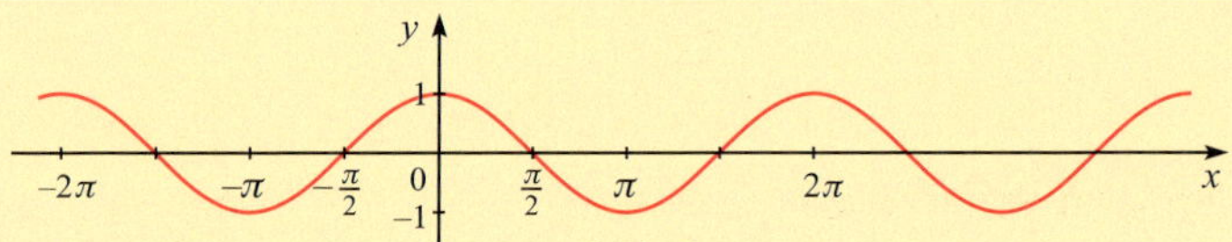 Periode $2 \cdot \pi$
Wertemenge	$\mathbb{W} = [-1; 1]$
Tangens	$y = \tan x$
Definitionsmenge	$\mathbb{D} = \mathbb{R} \setminus \{k \cdot \frac{\pi}{2} \mid k \in \mathbb{Z}\}$
Graph	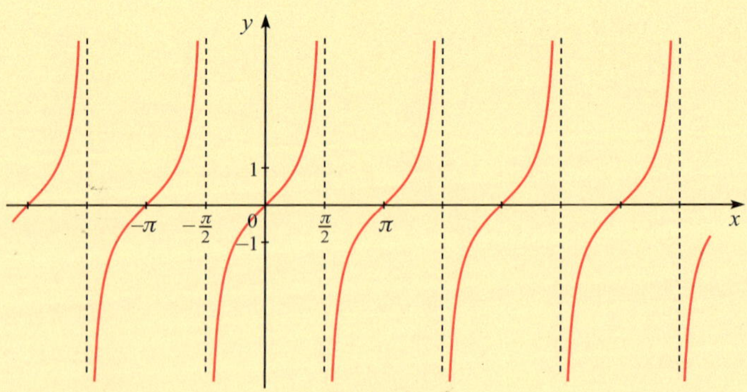 Periode π
Wertemenge	$\mathbb{W} = \mathbb{R}$

Statistische Kenngrößen

Datenmenge	$\{x_1, x_2, \ldots, x_n\}$
Modalwert	Der Modalwert m ist der am häufigsten vorkommende Wert in einer Datenmenge.
Zentralwert (Median)	Ordnet man die Daten der Größe nach nebeneinander an, so ist der Zentralwert z – bei *ungerader* Anzahl von Daten der in der Mitte stehende Wert. – bei *gerader* Anzahl von Daten das arithmetische Mittel der beiden in der Mitte stehenden Werte.
Arithmetisches Mittel	$\bar{x} = \frac{x_1 + x_2 + \ldots + x_n}{n}$

Statistische Streugrößen

Spannweite	Die Spannweite d ist die Differenz zwischen dem größten und dem kleinsten Wert einer Datenmenge.
Empirische Varianz	$V = \frac{1}{n-1} \cdot [(x_1 - \bar{x})^2 + (x_2 - \bar{x})^2 + \ldots + (x_n - \bar{x})^2]$
Standardabweichung	$s = \sqrt{V}$

Ergebnis und Ereignis

Ergebnis	Möglicher Ausgang eines Zufallsexperiments.
Ergebnisraum	Der Ergebnisraum Ω ist die Menge aller möglichen Ergebnisse eines Zufallsexperiments.
Ereignis	Jede Teilmenge des Ergebnisraums Ω heißt Ereignis: $E \subseteqq \Omega$
	Ein Ereignis E tritt ein, wenn das Ergebnis des Zufallsexperiments in E enthalten ist.
Gegenereignis	Das Gegenereignis $\overline{E}$ tritt ein, wenn E nicht eintritt: $\overline{E} = \Omega \setminus E$

Wahrscheinlichkeit

Häufigkeit	Ist n die Anzahl der Durchführungen eines Zufallsexperiments und k die Anzahl der Fälle, in denen dabei ein Ereignis E eingetreten ist, so werden k als absolute Häufigkeit des Ereignisses E und der Quotient $\frac{k}{n}$ als relative Häufigkeit des Ereignisses E bezeichnet.
Wahrscheinlichkeit	$P(\mathrm{E}) = \frac{k}{n}$ — n Anzahl der Durchführungen eines Zufallsexperiments; k Anzahl der Fälle, in denen dabei das Ereignis E eintritt
Laplace-Experiment	Als Laplace-Experiment bezeichnet man ein Zufallsexperiment, wenn alle seine Ergebnisse gleich wahrscheinlich sind. $P(\mathrm{E}) = \frac{\text{Anzahl der Ergebnisse in E}}{\text{Anzahl der Ergebnisse in } \Omega} = \frac{\lvert E \rvert}{\lvert \Omega \rvert}$

Mehrstufige Zufallsexperimente

Mehrstufiges Zufallsexperiment	A, B und C die möglichen Ausgänge bei Durchführung der 1. Stufe des Zufallsexperiments K und L die jeweils möglichen Ausgänge bei Durchführung der 2. Stufe des Zufallsexperiments AK, AL, BK, BL, CK und CL die möglichen Ergebnisse dieses zweistufigen Zufallsexperiments
Baumdiagramm	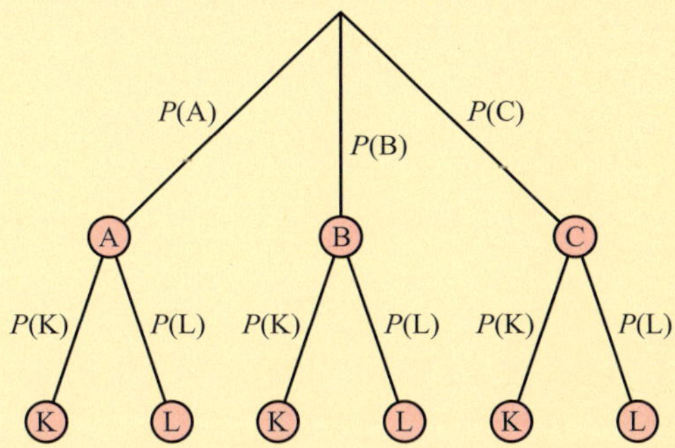
Multiplikationssatz	Die Wahrscheinlichkeit für ein Ergebnis erhält man, indem man die Wahrscheinlichkeiten multipliziert, die entlang des Pfades stehen, der zu diesem Ergebnis führt. Z. B.: $P(\mathrm{BL}) = P(\mathrm{B}) \cdot P(\mathrm{L})$
Additionssatz	Die Wahrscheinlichkeit für ein Ereignis erhält man, indem man die Wahrscheinlichkeiten aller Ergebnisse addiert, die zu diesem Ereignis gehören. Z. B.: $P(\{\mathrm{AK}, \mathrm{BL}, \mathrm{CK}\}) = P(\mathrm{AK}) + P(\mathrm{BL}) + P(\mathrm{CK})$
Knotenregel	Im Baumdiagramm ist die Summe der Wahrscheinlichkeiten an den Zweigen, die von einem Knoten ausgehen, immer gleich 1. Z. B.: $P(\mathrm{A}) + P(\mathrm{B}) + P(\mathrm{C}) = 1$; $P(\mathrm{K}) + P(\mathrm{L}) = 1$

Winkel

<table>
<tr><td>Orientierung</td><td colspan="2">Positive Winkelmaße entsprechen Winkeln, die im Gegenuhrzeigersinn angetragen werden.

Negative Winkelmaße entsprechen dem Antragen im Uhrzeigersinn.</td><td>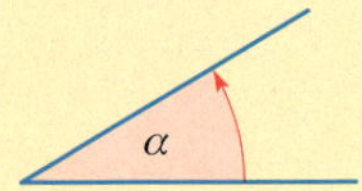</td></tr>
<tr><td>Winkelmaße</td><td colspan="2">Einer vollen Umdrehung entspricht das Winkelmaß 360°.

$1^\circ = 60'$ (Winkelminuten)

$1' = 60''$ (Winkelsekunden)

Bogenmaß: $2 \cdot \pi \mathrel{\hat{=}} 360^\circ$</td><td>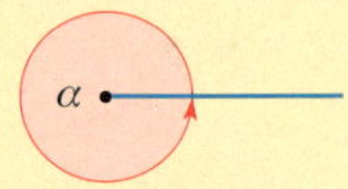
$\alpha = 360^\circ$</td></tr>
<tr><td rowspan="7">Bezeichnungen</td><td>Bereich</td><td>Bezeichnung</td><td rowspan="7">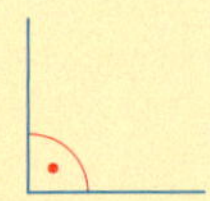
Rechter Winkel</td></tr>
<tr><td>$0^\circ < \alpha < 90^\circ$</td><td>Spitzer Winkel</td></tr>
<tr><td>$\alpha = 90^\circ$</td><td>Rechter Winkel</td></tr>
<tr><td>$90^\circ < \alpha < 180^\circ$</td><td>Stumpfer Winkel</td></tr>
<tr><td>$\alpha = 180^\circ$</td><td>Gestreckter Winkel</td></tr>
<tr><td>$180^\circ < \alpha < 360^\circ$</td><td>Überstumpfer Winkel</td></tr>
<tr><td>$\alpha = 360^\circ$</td><td>Vollwinkel</td></tr>
<tr><td colspan="2">Scheitelwinkel
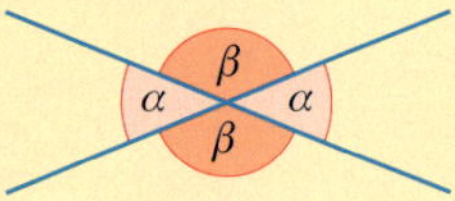</td><td colspan="2">Nebenwinkel
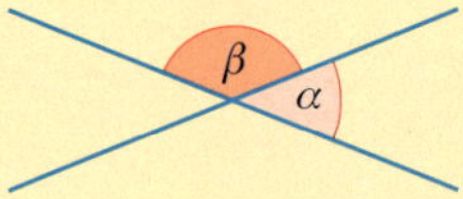
$\alpha + \beta = 180^\circ$</td></tr>
</table>

Winkel an Parallelen

Stufenwinkel (F-Winkel)	Wechselwinkel (Z-Winkel)	Ergänzungswinkel (E-Winkel)
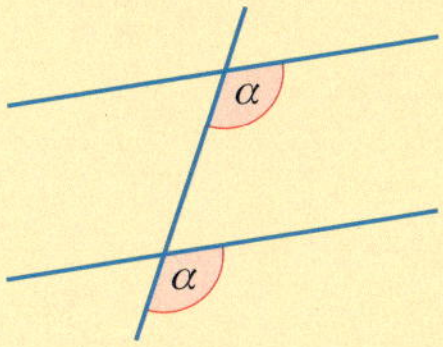	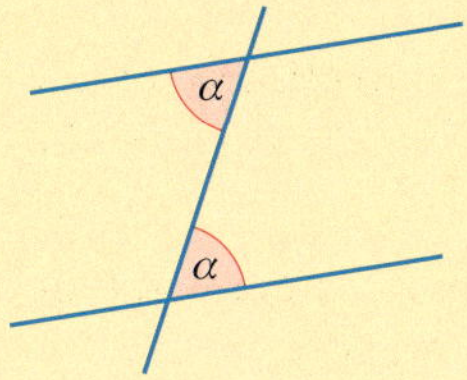	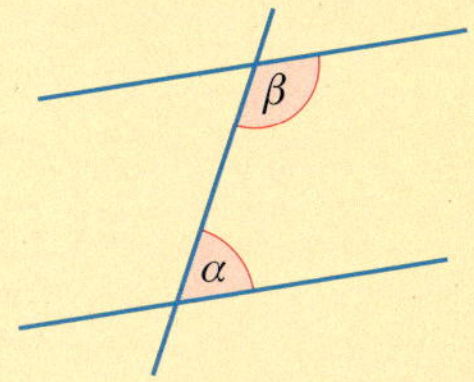 $\alpha + \beta = 180°$

Koordinaten

Kartesische Koordinaten	$P(x \mid y)$ x und y sind die kartesischen Koordinaten des Punktes P.	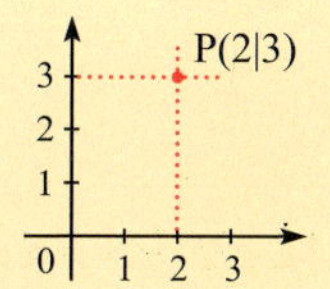
Polarkoordinaten	$P(r \mid \varphi)$ r und φ sind die Polarkoordinaten des Punktes P.	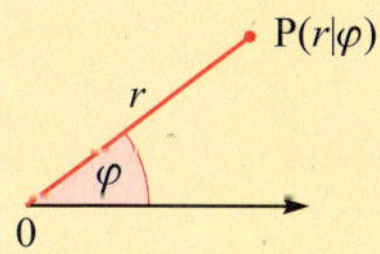
Zusammenhänge	$x = r \cdot \cos\varphi$ $y = r \cdot \sin\varphi$ $r = \sqrt{x^2 + y^2}$ $\tan\varphi = \frac{y}{x}$	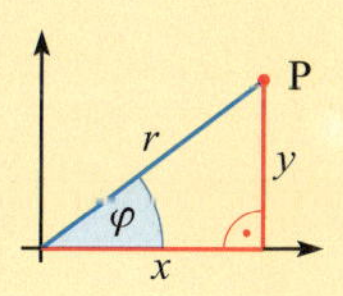

Ortslinien

Kreislinie	$k(\mathrm{M}; r) = \{\mathrm{P} \mid \overline{\mathrm{PM}} = r\}$	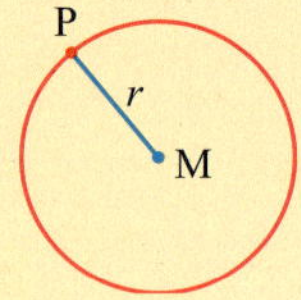
Mittelsenkrechte	$m_{[\mathrm{AB}]} = \{\mathrm{P} \mid \overline{\mathrm{PA}} = \overline{\mathrm{PB}}\}$	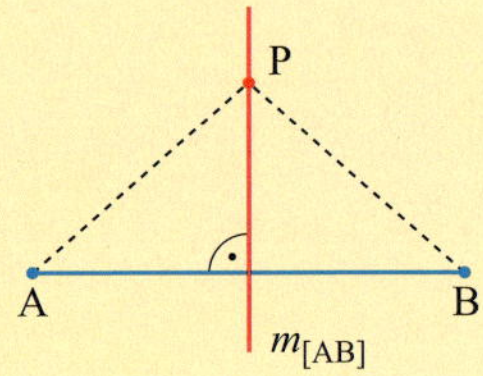
Mittelparallele $g \parallel h$	$m_{g;h} = \{\mathrm{P} \mid d(\mathrm{P}; g) = d(\mathrm{P}; h)\}$	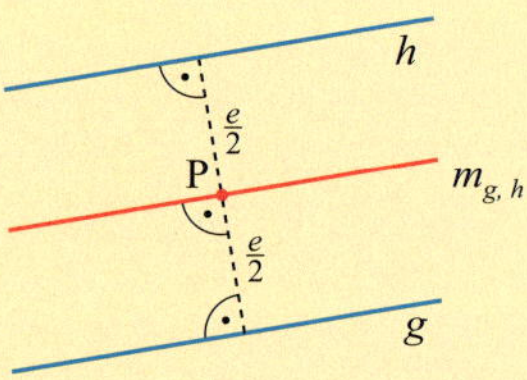
Parallelenpaar	$p_1 \cup p_2 = \{\mathrm{P} \mid d(\mathrm{P}; g) = a\}$	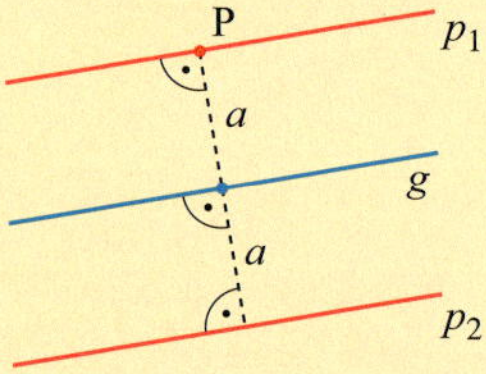
Winkel-halbierendenpaar	$w_1 \cup w_2 = \{\mathrm{P} \mid d(\mathrm{P}; g) = d(\mathrm{P}; h)\}$	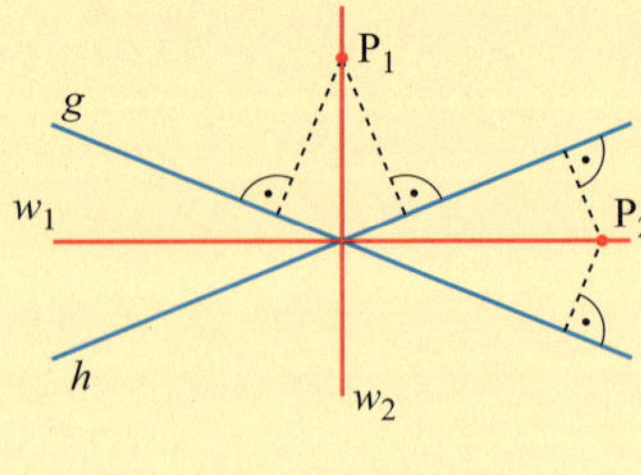

Abbildungen (siehe Abbildungsgleichungen, Seite 45)

Kongruenzabbildungen

sind längentreu und winkeltreu,
also auch flächentreu, verhältnistreu, parallelentreu, geradentreu und kreistreu.

Urbildfigur und Bildfigur sind deckungsgleich (kongruent).

Parallelverschiebung

$P \xmapsto{\vec{v}} P'$

$\vec{v}$ Verschiebungsvektor

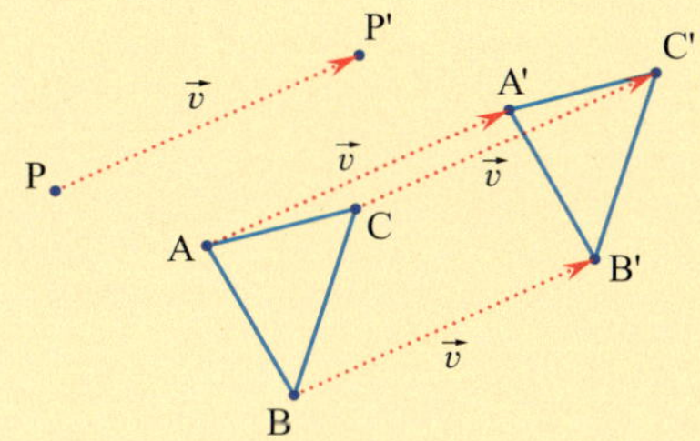

Abbildungsvorschrift: $\overrightarrow{PP'} = \vec{v}$

Keine Fixpunkte.
Jede Gerade parallel zum Verschiebungsvektor ist Fixgerade.

Achsenspiegelung

$P \xmapsto{a} P'$

a Spiegelachse

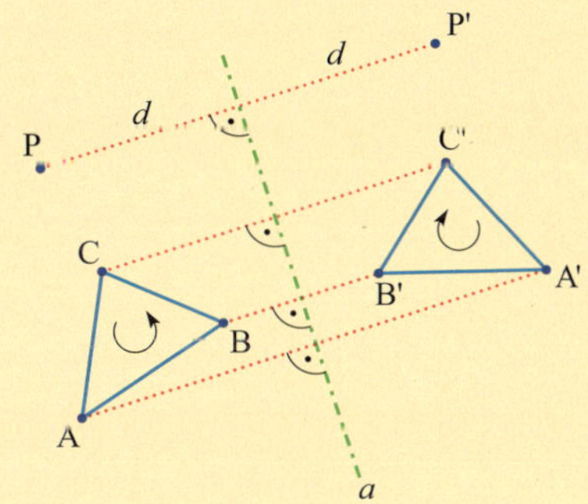

Abbildungsvorschrift: $PP' \perp a \wedge d(P'; a) = d(P; a)$

Jeder Punkt der Spiegelachse a ist Fixpunkt.
Die Spiegelachse ist Fixpunktgerade.
Jede Gerade senkrecht zur Spiegelachse ist Fixgerade.

Drehung	$P \xmapsto{Z;\,\varphi} P'$ *Z* Drehzentrum φ Drehwinkel	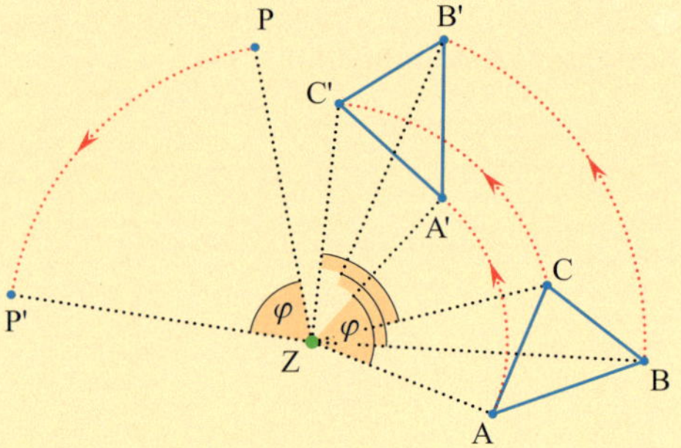
	Abbildungsvorschrift:	$\overline{ZP'} = \overline{ZP} \wedge \sphericalangle PZP' = \varphi$
	Das Drehzentrum Z ist der einzige Fixpunkt. Keine Fixgeraden (für $\varphi \neq k \cdot 180°$; $k \in \mathbb{Z}$).	
Drehung um 180°	$P \xmapsto{Z;\,180°} P'$ Eine Drehung mit $\varphi = 180°$ nennt man auch *Punktspiegelung*. Der Drehpunkt Z heißt dann auch *Spiegelungszentrum*.	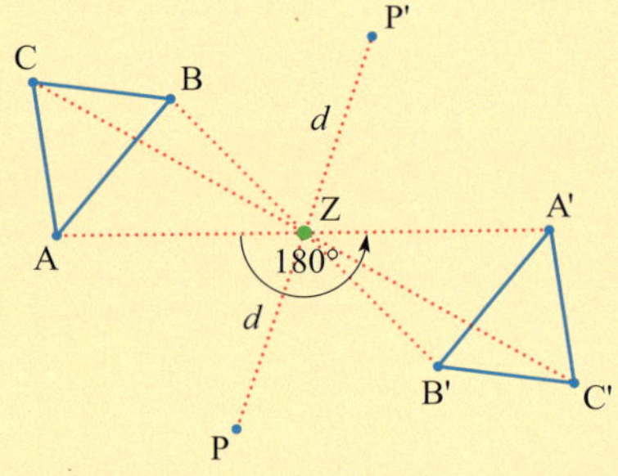
	Abbildungsvorschrift:	$\overrightarrow{ZP'} = -\overrightarrow{ZP}$
	Das Spiegelungszentrum Z ist der einzige Fixpunkt. Jede Gerade durch das Spiegelungszentrum ist Fixgerade.	

Ähnlichkeitsabbildung

Ähnlichkeitsabbildungen sind winkeltreu, verhältnistreu, parallelentreu, geradentreu und kreistreu.

Zentrische Streckung

$P \xmapsto{Z;\,k} P'$

Z Streckungszentrum
k Streckungsfaktor

Für Streckenlängen gilt:

$\overline{A'B'} = |k| \cdot \overline{AB}$

Für Flächeninhalte gilt:

$A' = k^2 \cdot A$

Für $k = -1$ ergibt sich die Punktspiegelung.

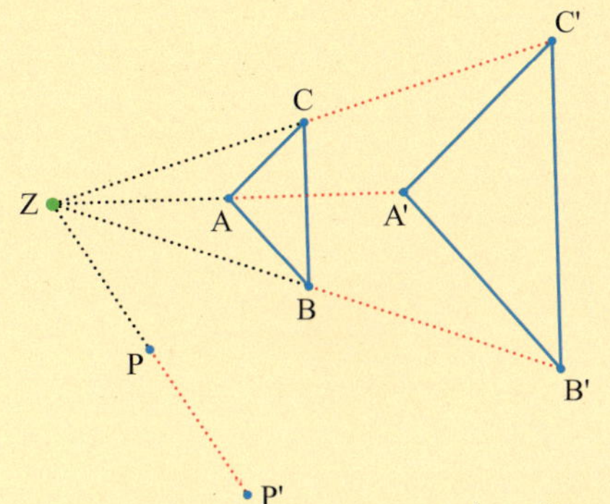

$k > 0$

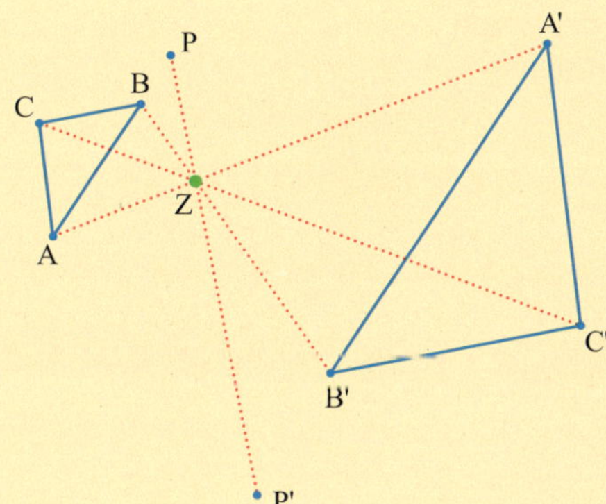

$k < 0$

Abbildungsvorschrift: $\overrightarrow{ZP'} = k \cdot \overrightarrow{ZP}$

Das Streckungszentrum ist der einzige Fixpunkt.
Jede Gerade durch das Streckungszentrum ist Fixgerade.

Weitere affine Abbildung

Affine Abbildungen sind verhältnistreu, parallelentreu und geradentreu.

Orthogonale Affinität

$P \xmapsto{x\text{-Achse};\, k} P'$

Affinitätsachse ist die x-Achse
k Affinitätsmaßstab

$k > 0$

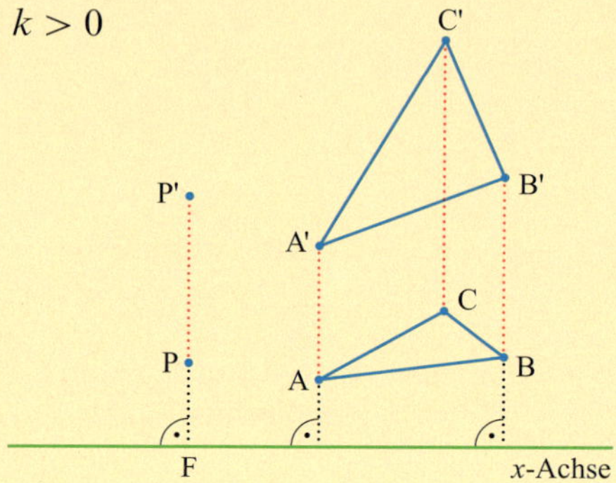

Für $k = -1$ ergibt sich die Achsenspiegelung an der x-Achse.

$k < 0$

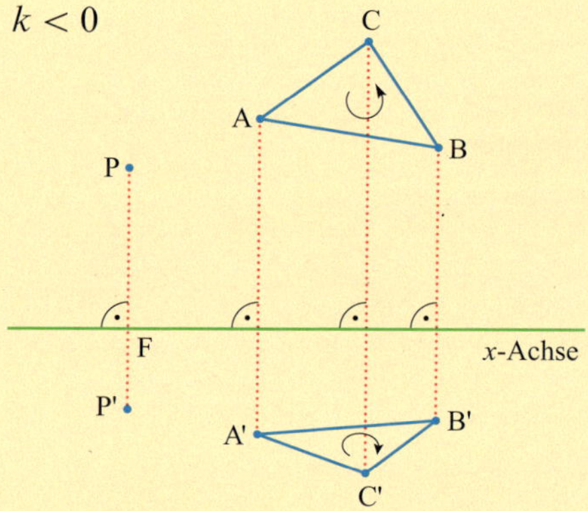

Abbildungsvorschrift: $\overrightarrow{FP'} = k \cdot \overrightarrow{FP}$,
wobei $PF \perp x$-Achse $\wedge$ $F \in x$-Achse

Alle Punkte der Affinitätsachse sind Fixpunkte.
Die Affinitätsachse ist Fixpunktgerade.
Jede Gerade senkrecht zur Affinitätsachse ist Fixgerade.

Dreiecke

Innenwinkel	Winkelsumme $\alpha + \beta + \gamma = 180^\circ$	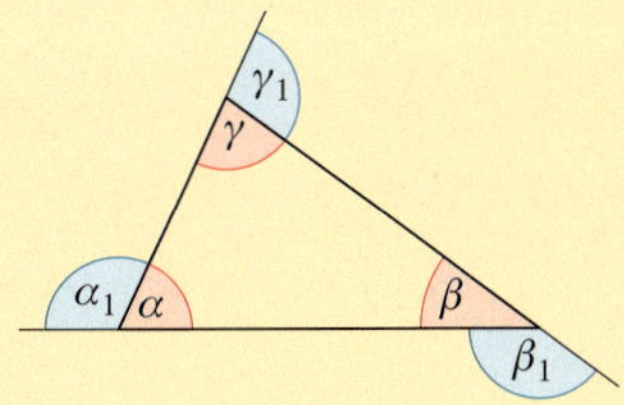
Außenwinkel	$\alpha_1 = \beta + \gamma$ $\beta_1 = \alpha + \gamma$ $\gamma_1 = \alpha + \beta$ Winkelsumme $\alpha_1 + \beta_1 + \gamma_1 = 360^\circ$	
Seite-Winkel-Beziehungen	Dem größeren zweier Innenwinkel eines Dreiecks liegt die längere Dreiecksseite gegenüber (und umgekehrt), z. B. $\alpha > \beta \Leftrightarrow a > b$. Gleich großen Innenwinkeln eines Dreiecks liegen gleich lange Dreiecksseiten gegenüber (und umgekehrt).	
Seite-Seite-Beziehungen	Die Summe zweier Seitenlängen ist jeweils größer als die Länge der dritten Seite, z. B. $a + b > c$.	
Flächeninhalt siehe auch bei vektorielle Geometrie, Seite 44	$A = \frac{1}{2} \cdot c \cdot h_c$	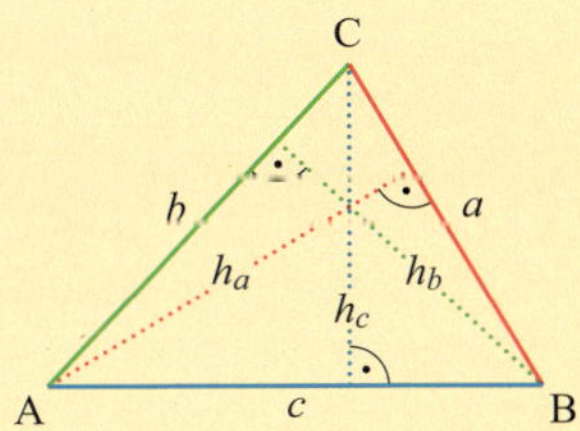
	$A = \frac{1}{2} \cdot b \cdot c \cdot \sin\alpha$	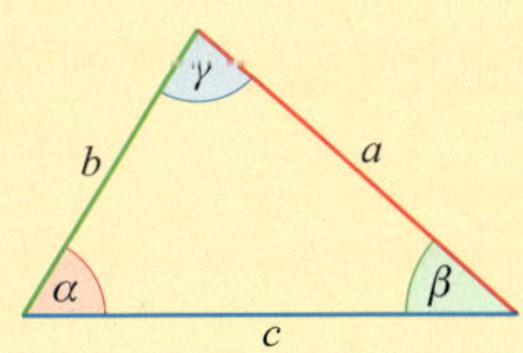

Transversalen im Dreieck

Mittelsenkrechte und Umkreis	Die drei Mittelsenkrechten schneiden sich in einem Punkt M. M ist der Mittelpunkt des Umkreises.	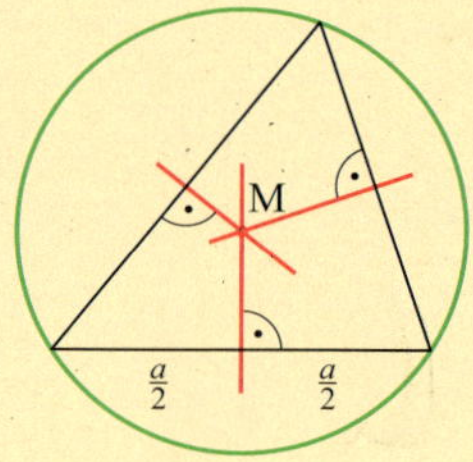
Winkelhalbierende und Inkreis	Die drei Winkelhalbierenden schneiden sich in einem Punkt W. W ist der Mittelpunkt des Inkreises.	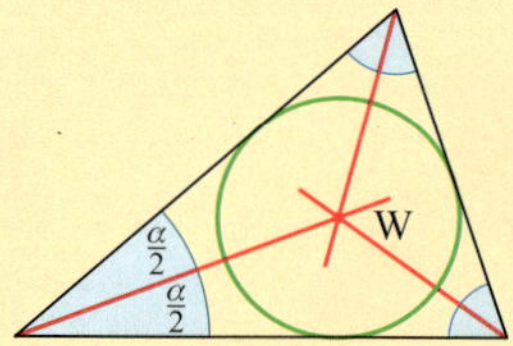
Seitenhalbierende und Schwerpunkt	Die drei Seitenhalbierenden schneiden sich in einem Punkt S. S ist der Schwerpunkt des Dreiecks. S teilt die Seitenhalbierenden im Verhältnis 2 : 1.	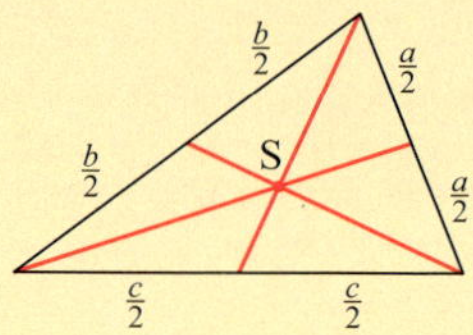
Höhen	Die drei Höhen schneiden sich in einem Punkt H.	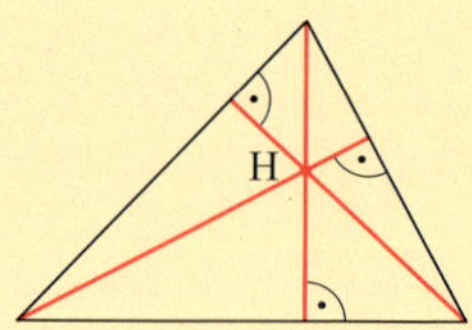

Besondere Dreiecke

Gleichschenkliges Dreieck	Die Symmetrieachse halbiert die Basis und den Winkel an der Spitze.	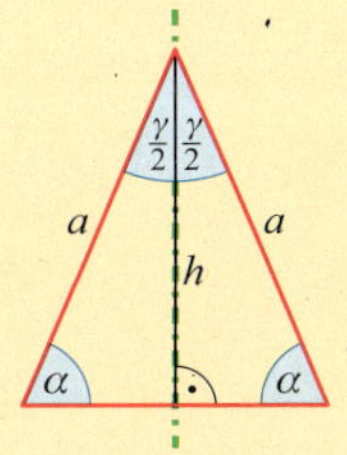
Gleichseitiges Dreieck	$A = \frac{1}{4} \cdot a^2 \cdot \sqrt{3}$ $h = \frac{1}{2} \cdot a \cdot \sqrt{3}$ Drei Symmetrieachsen	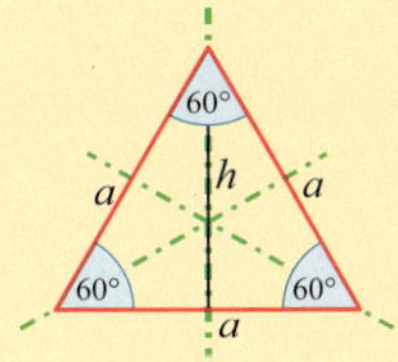
Rechtwinkliges Dreieck		
Flächeninhalt	$A = \frac{1}{2} \cdot a \cdot b$	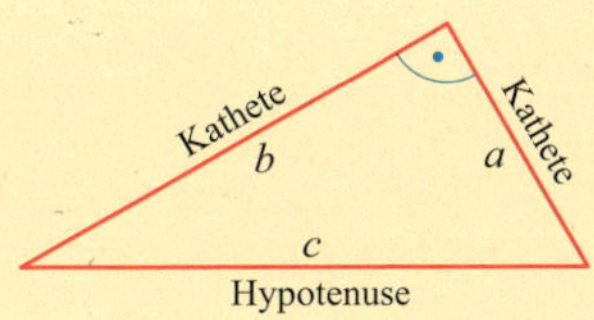
Hypotenusensatz (Satz von Pythagoras)	$c^2 = a^2 + b^2$	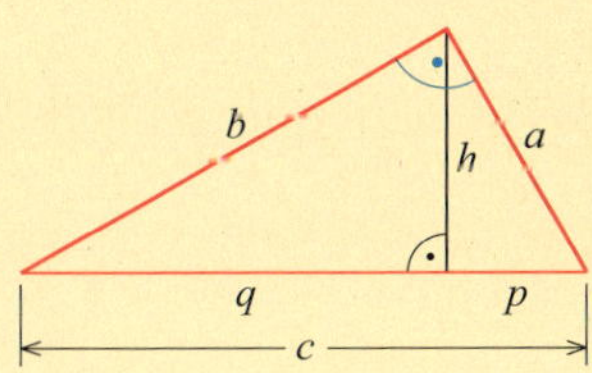
Höhensatz	$h^2 = p \cdot q$	
Kathetensatz	$a^2 = c \cdot p$ $b^2 = c \cdot q$	

Sätze zum Dreieck

Sinussatz	$\frac{a}{\sin\alpha} = \frac{b}{\sin\beta} = \frac{c}{\sin\gamma}$	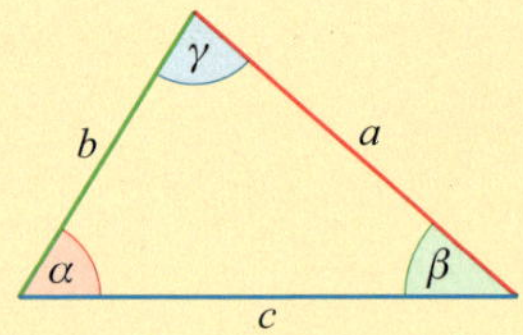
Kosinussatz	$a^2 = b^2 + c^2 - 2 \cdot b \cdot c \cdot \cos\alpha$	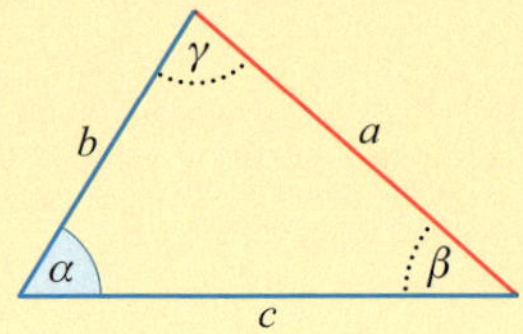

Kongruenzsätze

	Dreiecke sind ***kongruent***, wenn sie übereinstimmen in … bzw. Ein Dreieck ist ***eindeutig konstruierbar*** aus …	
sss	… den Längen der drei Seiten.	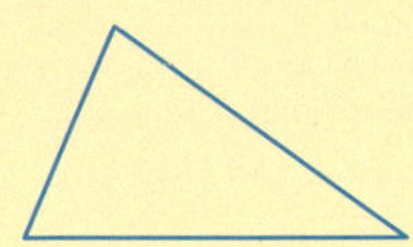
sws	… den Längen von zwei Seiten und dem Maß des eingeschlossenen Winkels.	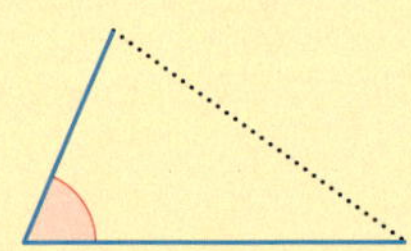
ssw$_g$	… den Längen von zwei Seiten und dem Maß des Gegenwinkels der größeren Seite.	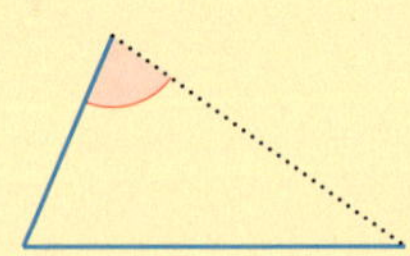
wsw **sww**	… der Länge einer Seite und den Maßen zweier entsprechend liegender Winkel	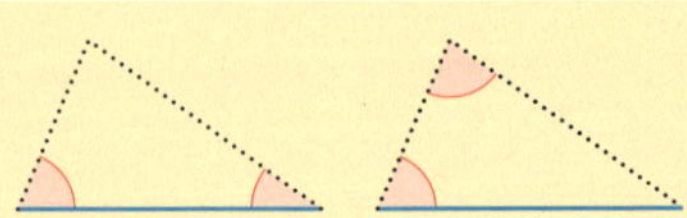

Ähnlichkeitssätze

	Dreiecke sind ***ähnlich***, wenn sie übereinstimmen in …
sss	… den Verhältnissen der Längen der drei Seiten.
sws	… dem Verhältnis der Längen von zwei Seiten und dem Maß des eingeschlossenen Winkels.
ssw$_g$	… dem Verhältnis der Längen von zwei Seiten und dem Maß des Gegenwinkels der größeren Seite.
ww	… in den Maßen von zwei Winkeln.

Vierstreckensätze

Werden sich schneidende Geraden von Parallelen geschnitten, so gelten für die verschiedenen Abschnitte die folgenden Verhältnisse:

$a : b = c : d$ und $a : (a + b) = c : (c + d)$

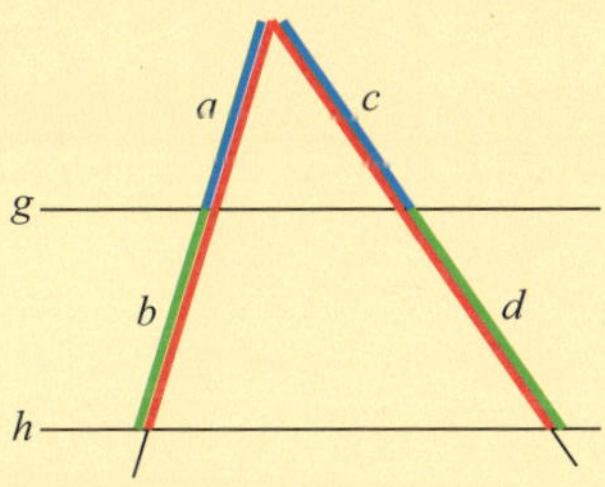

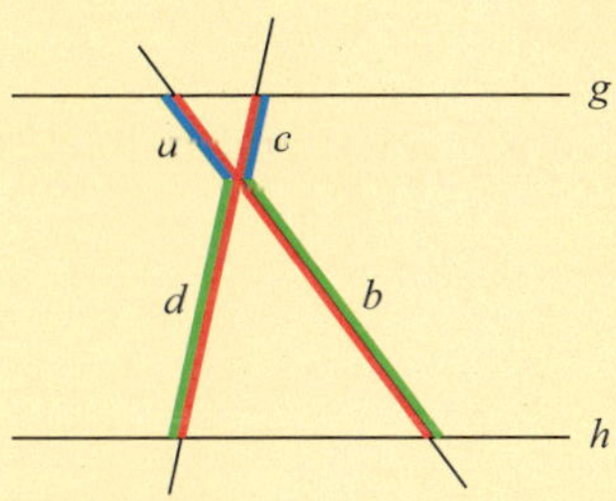

$a : b = c : d$

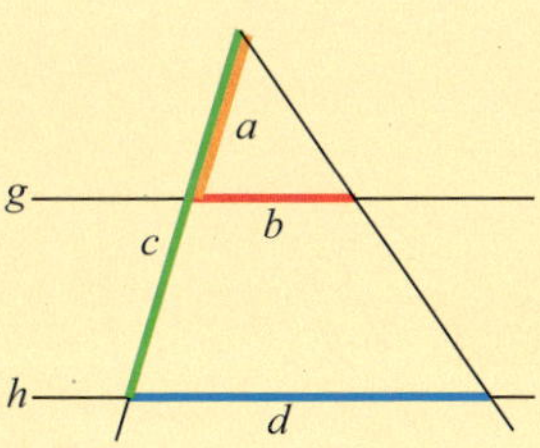

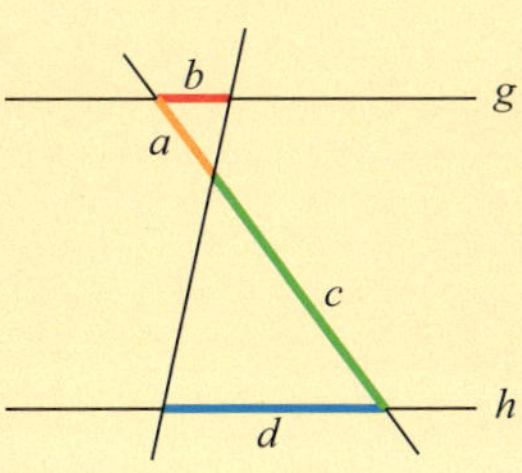

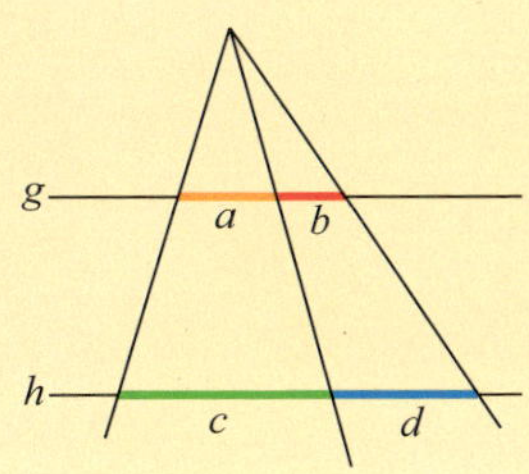

Vierecke

Winkelsummen	Innenwinkel: $\alpha + \beta + \gamma + \delta = 360°$ Außenwinkel: $\alpha_1 + \beta_1 + \gamma_1 + \delta_1 = 360°$	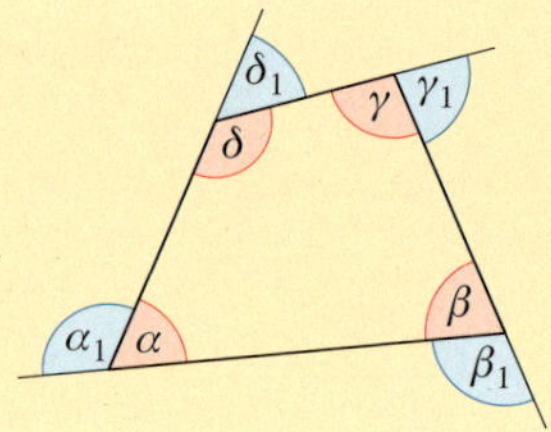

Besondere Vierecke

Quadrat	$A = a^2 = \frac{1}{2} \cdot e^2$ $e = a \cdot \sqrt{2}$ Die Diagonalen sind gleich lang, halbieren sich gegenseitig und stehen aufeinander senkrecht.	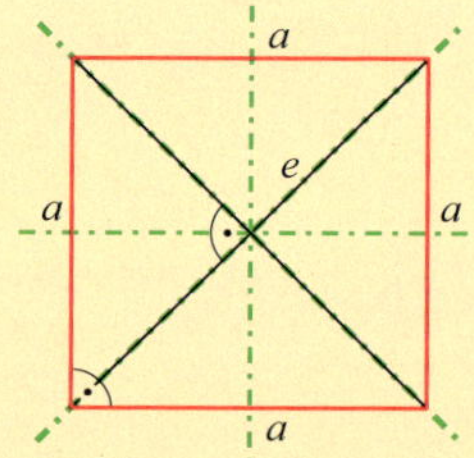
Rechteck	$A = a \cdot b$ $e = \sqrt{a^2 + b^2}$ Die Diagonalen sind gleich lang und halbieren sich gegenseitig.	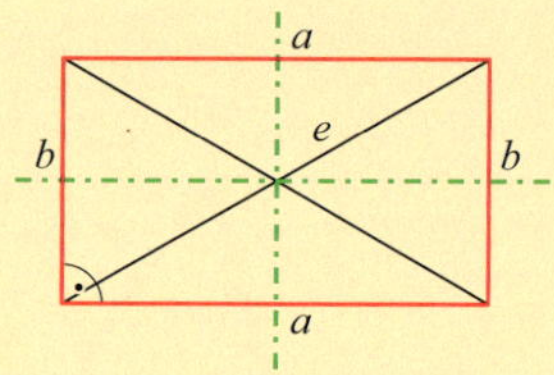
Raute	$A = \frac{1}{2} \cdot e \cdot f$ Die Diagonalen halbieren sich gegenseitig und stehen aufeinander senkrecht.	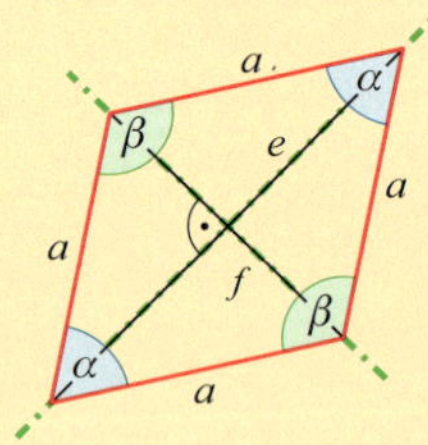
Drachenviereck	$A = \frac{1}{2} \cdot e \cdot f$ Die Diagonalen stehen aufeinander senkrecht.	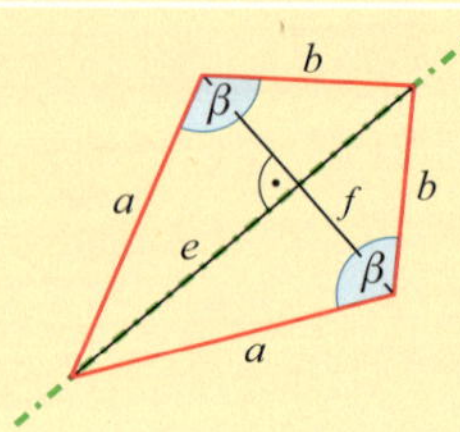

Parallelogramm

Gegenüberliegende Seiten sind parallel.

$A = a \cdot h_a$

Die Diagonalen halbieren sich gegenseitig.

$\alpha + \beta = 180°$

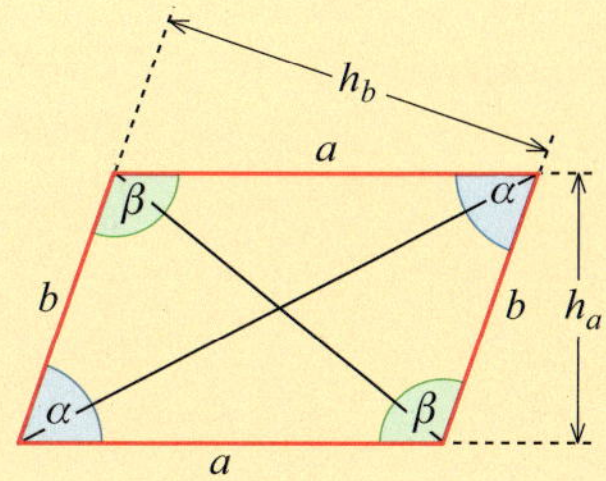

Trapez

Zwei gegenüberliegende Seiten sind parallel.

$A = \frac{1}{2} \cdot (a + c) \cdot h$

$\alpha + \delta = 180°$
$\beta + \gamma = 180°$

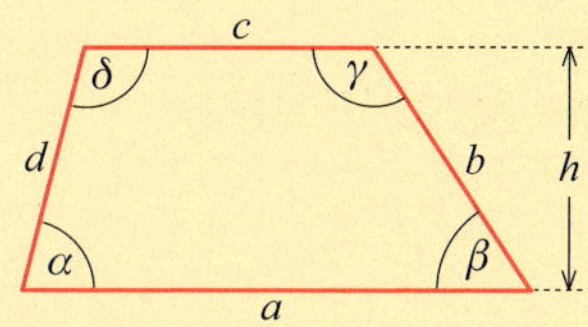

Im gleichschenkligen Trapez gilt:
Die Diagonalen sind gleich lang.

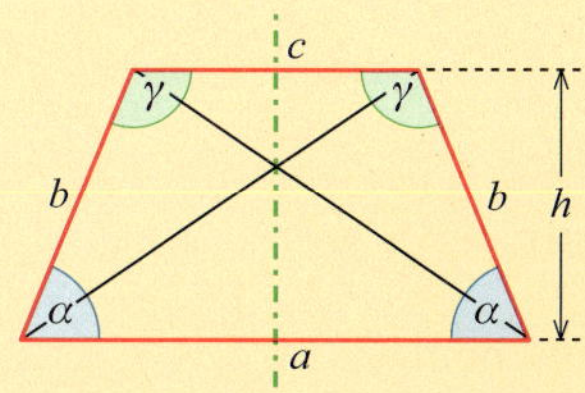

Symmetrien der Vierecke

Achsensymmetrie zu Mittelsenkrechten von Seiten:
Quadrat, Rechteck, gleichschenkliges Trapez

Achsensymmetrie zu Diagonalen:
Raute, Drachenviereck

Punktsymmetrie zum Diagonalenschnittpunkt:
Quadrat, Rechteck, Raute, Parallelogramm

Sehnenviereck

$\alpha + \gamma = 180°$

$\beta + \delta = 180°$

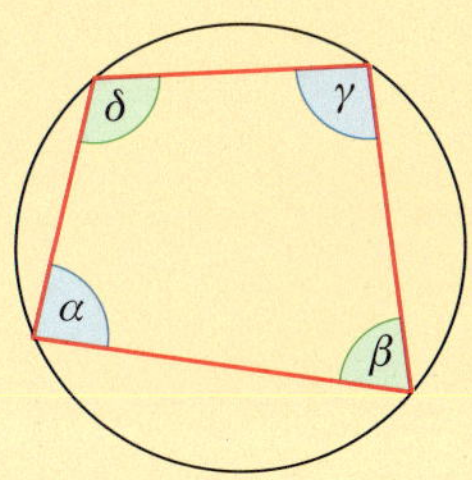

Vierecke mit Inkreis	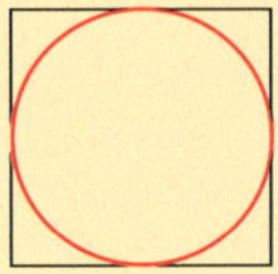 Quadrat	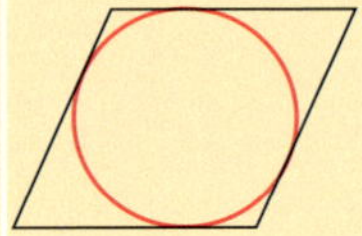 Raute	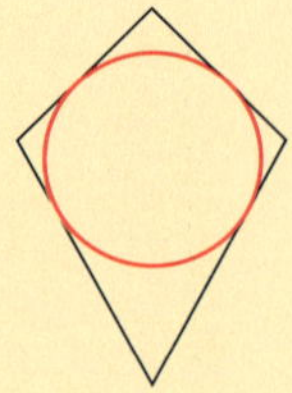 Drachen-viereck	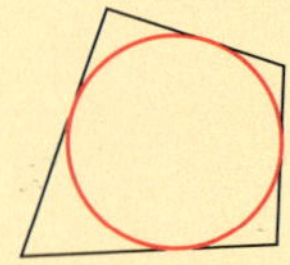 Tangenten-viereck
Vierecke mit Umkreis	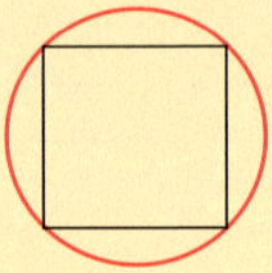 Quadrat	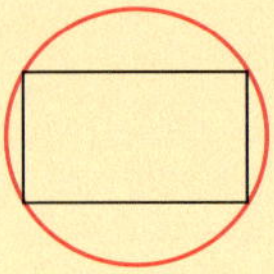 Rechteck	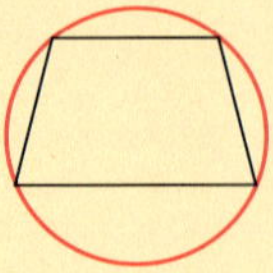 Gleichschenk-liges Trapez	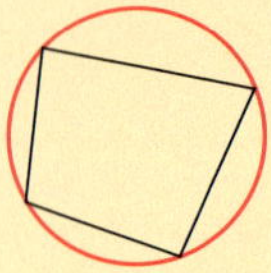 Sehnen-viereck

Kreis

Flächeninhalt, Umfang	$A = r^2 \cdot \pi$	$u = 2 \cdot r \cdot \pi$
Sehne	Eine Sehne verbindet zwei Punkte der Kreislinie. Winkel AMB ist der Mittelpunktswinkel zur Sehne [AB]	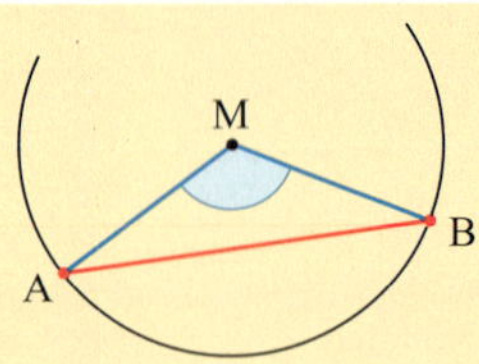
Kreisbogen	$b = 2 \cdot r \cdot \pi \cdot \frac{\alpha}{360°}$ $b = r \cdot x$ x Winkel α im Bogenmaß	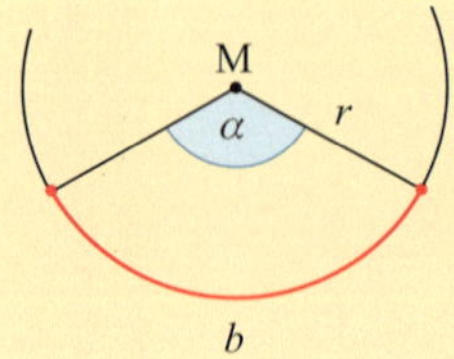

Kreissektor	$A = r^2 \cdot \pi \cdot \frac{\alpha}{360°}$	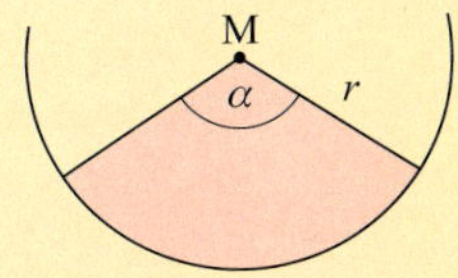
Kreissegment	$A = A_{Sektor} - A_{\Delta ABM}$	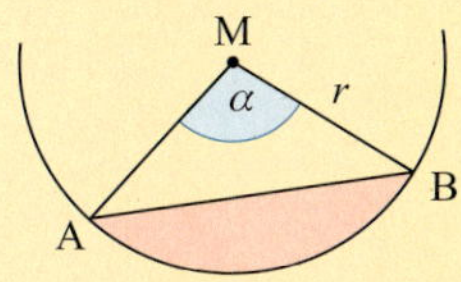
Kreis und Gerade	Eine Passante hat keine gemeinsamen Punkte mit dem Kreis. Eine Sekante schneidet den Kreis in zwei Punkten. Eine Zentrale enthält den Mittelpunkt M des Kreises. Eine Tangente hat genau einen gemeinsamen Punkt mit dem Kreis, den Berührpunkt B. Eine Tangente ist orthogonal zur Zentralen des Kreises durch den Berührpunkt B.	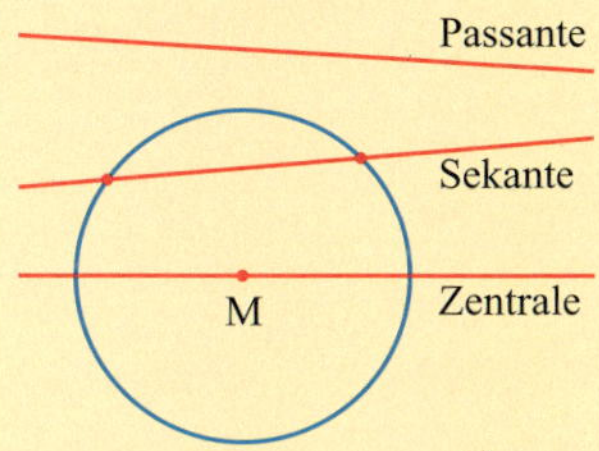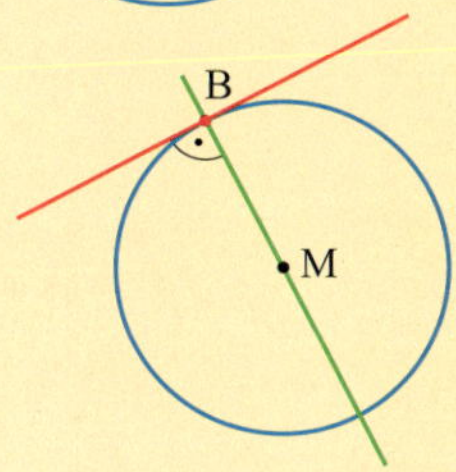

Sätze zum Kreis

Randwinkelsatz	Alle Randwinkel über der gleichen Kreissehne haben das gleiche Maß: $\gamma = \frac{\alpha}{2}$	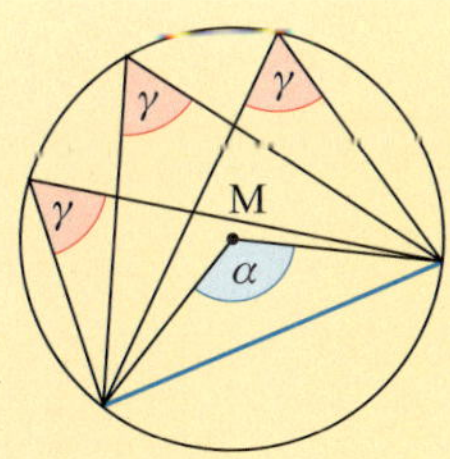
Satz von Thales Thaleskreis	Alle Randwinkel über einem Kreisdurchmesser sind rechte Winkel.	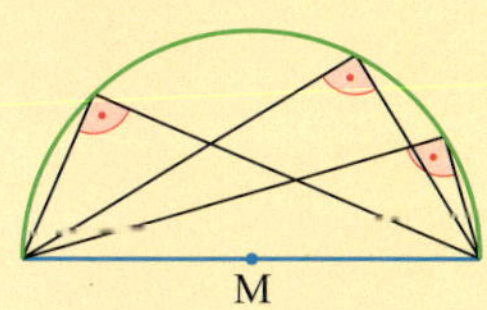

Stereometrie

Prismen	Grundfläche und Deckfläche sind kongruent. Die Seitenkanten sind zueinander parallel und gleich lang.	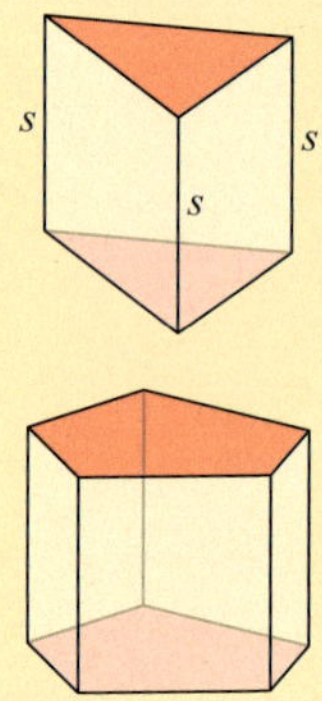
Volumen	$V = G \cdot h$	G Grundfläche h Höhe
Mantelfläche	$M = u \cdot h$	u Umfang der Grundfläche
Oberfläche	$O = 2 \cdot G + M$	G Grundfläche M Mantelfläche
Würfel	$V = a^3$ $O = 6 \cdot a^2$ $e = a \cdot \sqrt{3}$	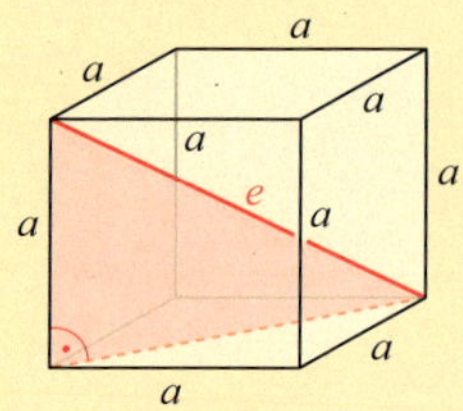 e Raumdiagonale
Quader	$V = a \cdot b \cdot c$ $O = 2 \cdot (a \cdot b + a \cdot c + b \cdot c)$ $e = \sqrt{a^2 + b^2 + c^2}$	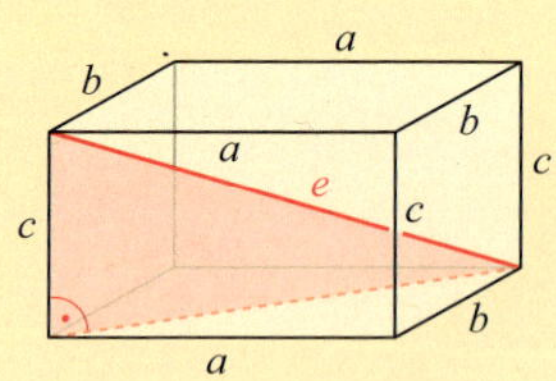

Pyramiden	Höhe der Pyramide ist der Abstand der Spitze von der Grundfläche.	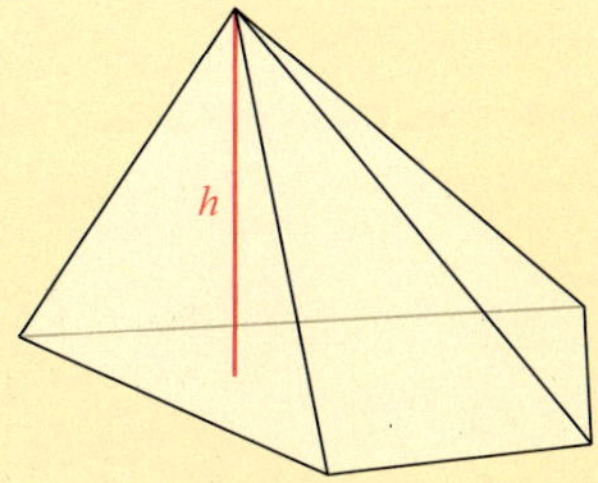
Volumen	$V = \frac{1}{3} \cdot G \cdot h$	G Grundfläche h Höhe
Mantelfläche	$M = S_1 + S_2 + \ldots + S_n$	$S_1, S_2, \ldots, S_n$ Flächeninhalte der Seitenflächendreiecke
Oberfläche	$O = G + M$	G Grundfläche M Mantelfläche
Gerade, quadratische Pyramide	$V = \frac{1}{3} \cdot a^2 \cdot h$ $M = 2 \cdot a \cdot h_s$ $O = a \cdot (a + 2 \cdot h_s)$	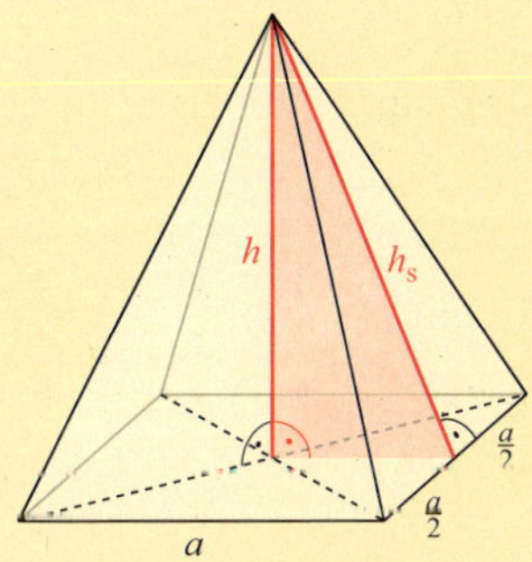
	Die Grundfläche ist ein Quadrat. Höhenfußpunkt ist der Schnittpunkt der Diagonalen der Grundfläche.	
Reguläres Tetraeder	$h = \frac{1}{3} \cdot a \cdot \sqrt{6}$ $V = \frac{1}{12} \cdot a^3 \cdot \sqrt{2}$ $O = a^2 \cdot \sqrt{3}$	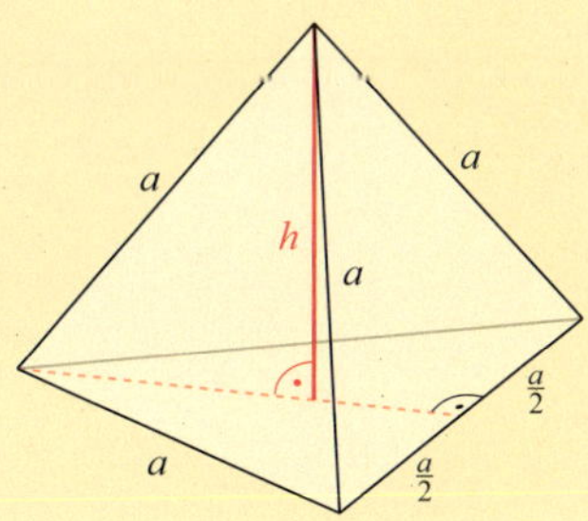
	Die vier Begrenzungsflächen sind gleichseitige Dreiecke. Höhenfußpunkt ist der Schwerpunkt des Grundflächendreiecks.	

Rotationskörper

Gerader Kreiszylinder	$V = r^2 \cdot \pi \cdot h$ $M = 2 \cdot r \cdot \pi \cdot h$ $O = 2 \cdot r \cdot \pi \cdot (r + h)$	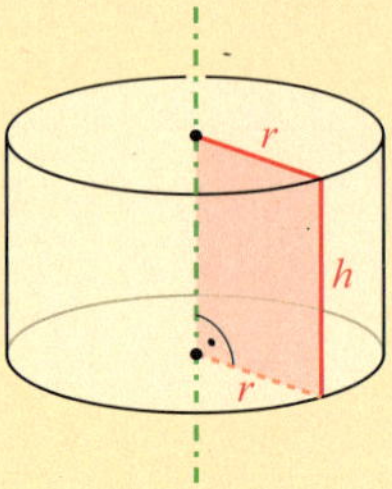
Gerader Kreiskegel	$V = \frac{1}{3} \cdot r^2 \cdot \pi \cdot h$ $M = r \cdot \pi \cdot s$ $O = r \cdot \pi \cdot (r + s)$ $s = \sqrt{r^2 + h^2}$	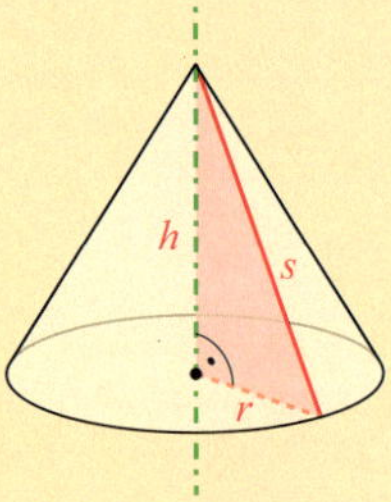
	$b = 2 \cdot r \cdot \pi$ $\alpha = \frac{r}{s} \cdot 360°$	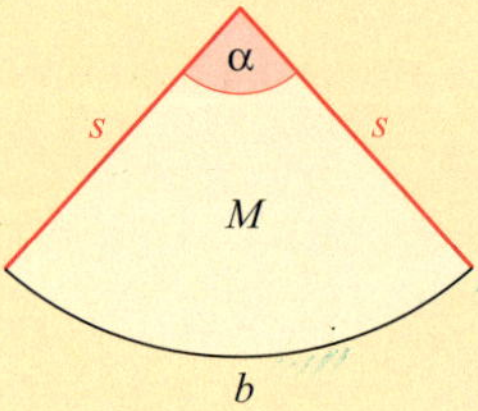Kegelmantelabwicklung
Kugel	$V = \frac{4}{3} \cdot r^3 \cdot \pi$ $O = 4 \cdot r^2 \cdot \pi$	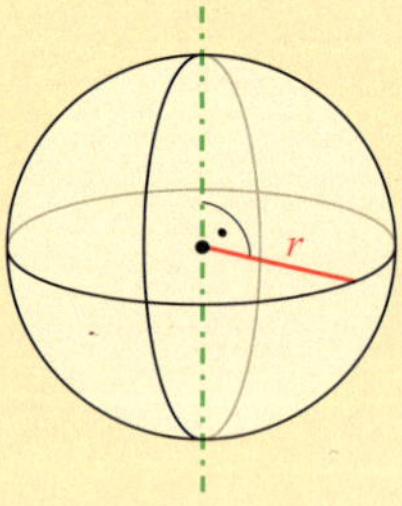

Winkel im Raum

Winkel zwischen Gerade und Ebene	[PF] ist das Lot vom Geradenpunkt P auf die Ebene E. $\sphericalangle(g;E) = \sphericalangle \mathrm{FSP}$	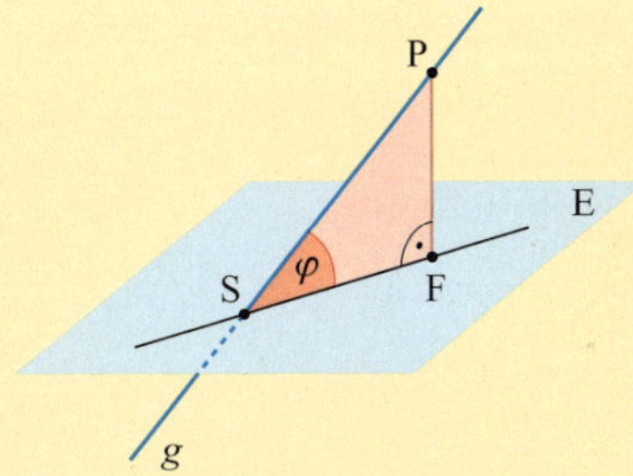
Winkel zwischen zwei Ebenen	[PF] ist das Lot vom Punkt P auf die Ebene E_1. [PQ] und [FQ] stehen senkrecht auf der Schnittgeraden der Ebenen. $\sphericalangle(E_1;E_2) = \sphericalangle \mathrm{FQP}$	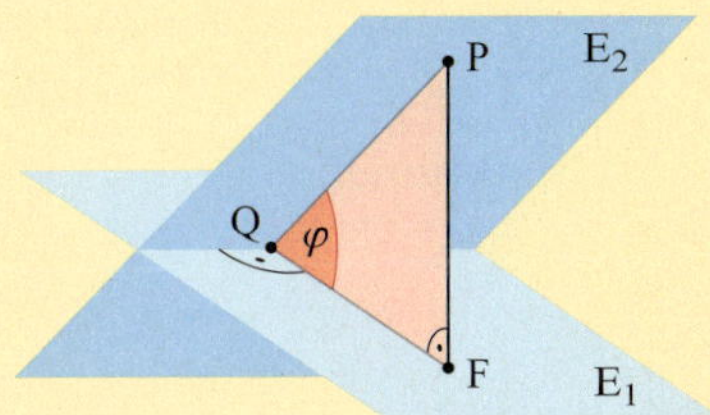

Trigonometrie (siehe Winkelfunktionen, Seite 16)

Bogenmaß	$x = \pi \cdot \frac{\alpha}{180°}$	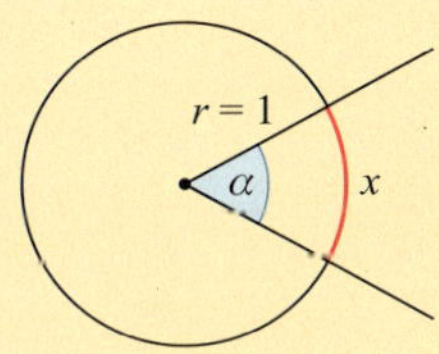
Winkelfunktionen am rechtwinkligen Dreieck	$\sin\alpha = \frac{\text{Länge der Gegenkathete}}{\text{Länge der Hypotenuse}}$ $\cos\alpha = \frac{\text{Länge der Ankathete}}{\text{Länge der Hypotenuse}}$ $\tan\alpha = \frac{\text{Länge der Gegenkathete}}{\text{Länge der Ankathete}}$	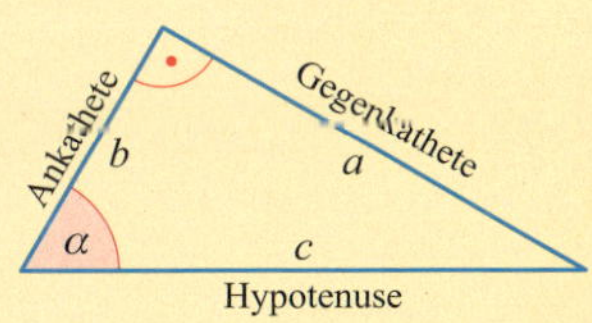
	$\sin\alpha = \frac{a}{c}$ $\quad\cos\alpha = \frac{b}{c}$ $\quad\tan\alpha = \frac{a}{b}$	
Zusammenhang zwischen den Winkelfunktionen	$\sin^2\alpha + \cos^2\alpha = 1$	$\tan\alpha = \frac{\sin\alpha}{\cos\alpha}$

Winkelfunktionen am Einheitskreis

$\sin\alpha = \overline{\mathrm{AB}}$

$\cos\alpha = \overline{\mathrm{OA}}$

$\tan\alpha = \overline{\mathrm{CD}}$

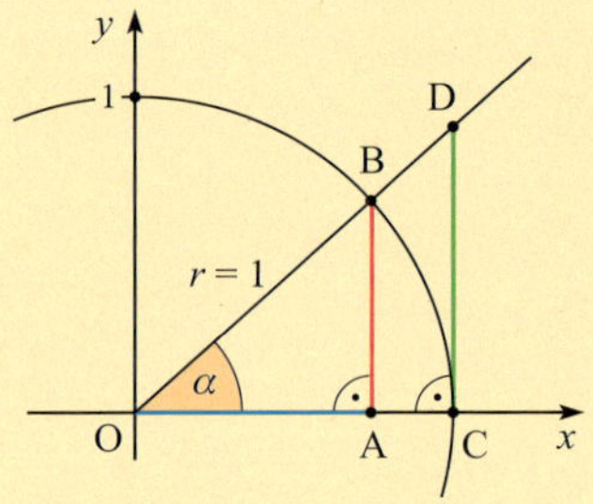

Vorzeichen der Winkelfunktionen

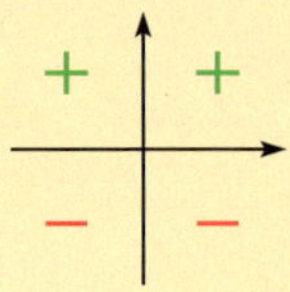

Sinus

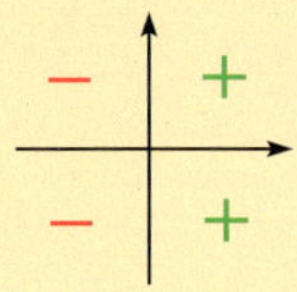

Kosinus

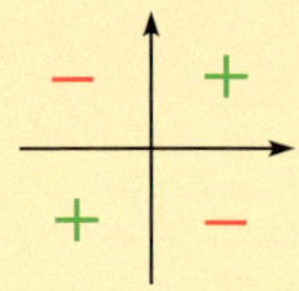

Tangens

Funktionswerte negativer Winkel

$\sin(-\alpha) = -\sin\alpha$	$\cos(-\alpha) = \cos\alpha$	$\tan(-\alpha) = -\tan\alpha$

Werte für besondere Winkelmaße

α	$0°$	$30°$	$45°$	$60°$	$90°$
Bogenmaß von α	0	$\frac{\pi}{6}$	$\frac{\pi}{4}$	$\frac{\pi}{3}$	$\frac{\pi}{2}$
$\sin\alpha$	0	$\frac{1}{2}$	$\frac{1}{2}\sqrt{2}$	$\frac{1}{2}\sqrt{3}$	1
$\cos\alpha$	1	$\frac{1}{2}\sqrt{3}$	$\frac{1}{2}\sqrt{2}$	$\frac{1}{2}$	0
$\tan\alpha$	0	$\frac{1}{3}\sqrt{3}$	1	$\sqrt{3}$	nicht definiert

Zurückführung auf spitze Winkel

Sinus	$\sin(90^\circ - \alpha) = \cos\alpha$ $\sin(90^\circ + \alpha) = \cos\alpha$	$\sin(180^\circ - \alpha) = \sin\alpha$ $\sin(180^\circ + \alpha) = -\sin\alpha$
Kosinus	$\cos(90^\circ - \alpha) = \sin\alpha$ $\cos(90^\circ + \alpha) = -\sin\alpha$	$\cos(180^\circ - \alpha) = -\cos\alpha$ $\cos(180^\circ + \alpha) = -\cos\alpha$
Tangens	$\tan(90^\circ - \alpha) = \frac{1}{\tan\alpha}$ $\tan(90^\circ + \alpha) = -\frac{1}{\tan\alpha}$	$\tan(180^\circ - \alpha) = -\tan\alpha$ $\tan(180^\circ + \alpha) = \tan\alpha$

Additionstheoreme

Sinus	$\sin(\alpha + \beta) = \sin\alpha \cdot \cos\beta + \cos\alpha \cdot \sin\beta$ $\sin(\alpha - \beta) = \sin\alpha \cdot \cos\beta - \cos\alpha \cdot \sin\beta$
Kosinus	$\cos(\alpha + \beta) = \cos\alpha \cdot \cos\beta - \sin\alpha \cdot \sin\beta$ $\cos(\alpha - \beta) = \cos\alpha \cdot \cos\beta + \sin\alpha \cdot \sin\beta$
Tangens	$\tan(\alpha + \beta) = \frac{\tan\alpha + \tan\beta}{1 - \tan\alpha \cdot \tan\beta}$ $\tan(\alpha - \beta) = \frac{\tan\alpha - \tan\beta}{1 + \tan\alpha \cdot \tan\beta}$

Winkelfunktionen des doppelten / halben Winkels

Sinus	$\sin(2 \cdot \alpha) = 2 \cdot \sin\alpha \cdot \cos\alpha$	$\sin\frac{\alpha}{2} = \sqrt{\frac{1 - \cos\alpha}{2}}$
Kosinus	$\cos(2 \cdot \alpha) = \cos^2\alpha - \sin^2\alpha$	$\cos\frac{\alpha}{2} = \sqrt{\frac{1 + \cos\alpha}{2}}$
Tangens	$\tan(2 \cdot \alpha) = \frac{2 \cdot \tan\alpha}{1 - \tan^2\alpha}$	$\tan\frac{\alpha}{2} = \frac{1 - \cos\alpha}{\sin\alpha}$

Umrechnungen von Winkelfunktionen

$0° \leqq \alpha < 90°$

Sinus	$\sin\alpha = \sqrt{1 - \cos^2\alpha}$	$\sin\alpha = \frac{\tan\alpha}{\sqrt{1 + \tan^2\alpha}}$
Kosinus	$\cos\alpha = \sqrt{1 - \sin^2\alpha}$	$\cos\alpha = \frac{1}{\sqrt{1 + \tan^2\alpha}}$
Tangens	$\tan\alpha = \frac{\sin\alpha}{\sqrt{1 - \sin^2\alpha}}$	$\tan\alpha = \frac{\sqrt{1 - \cos^2\alpha}}{\cos\alpha}$

Vektorielle Geometrie

Koordinaten-schreibweise	$\vec{v} = \begin{pmatrix} v_x \\ v_y \end{pmatrix}$ v_x und v_y sind die Koordinaten des Vektors $\vec{v}$.	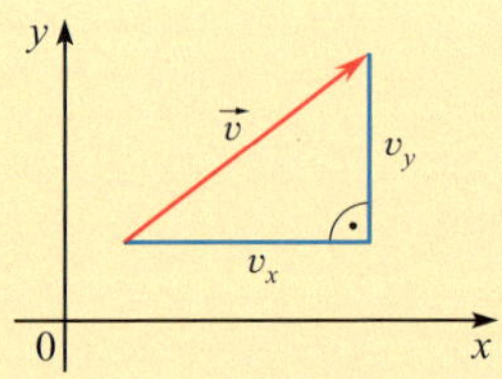
Ortsvektor	$\overrightarrow{OP}$ ist ein Repräsentant des Vektors $\begin{pmatrix} x_P \\ y_P \end{pmatrix}$.	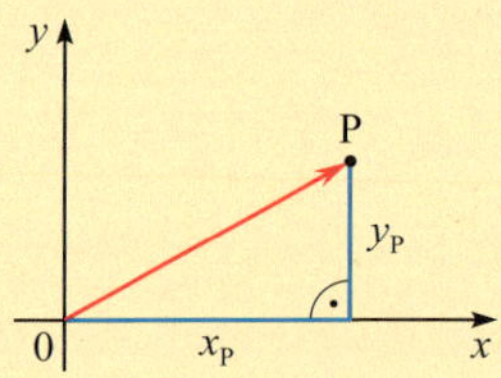
Verbindungsvektor	$\overrightarrow{PQ} = \begin{pmatrix} x_Q - x_P \\ y_Q - y_P \end{pmatrix}$	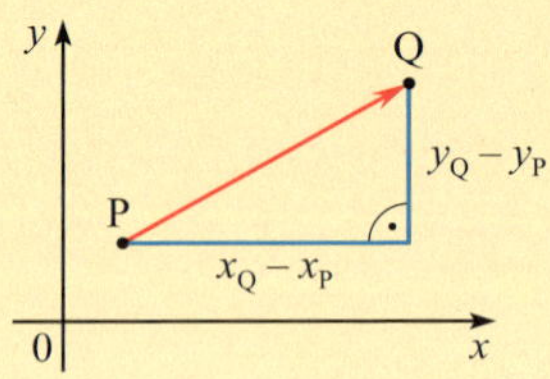

Addition	$\vec{a} \oplus \vec{b} = \vec{c}$ $\begin{pmatrix} a_x \\ a_y \end{pmatrix} \oplus \begin{pmatrix} b_x \\ b_y \end{pmatrix} = \begin{pmatrix} a_x + b_x \\ a_y + b_y \end{pmatrix}$	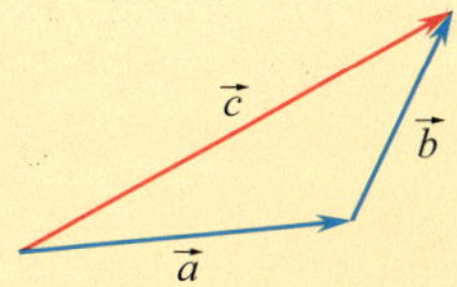
Gegenvektor	$\vec{a} \oplus (-\vec{a}) = \vec{0}$ $-\vec{a} = \begin{pmatrix} -a_x \\ -a_y \end{pmatrix}$	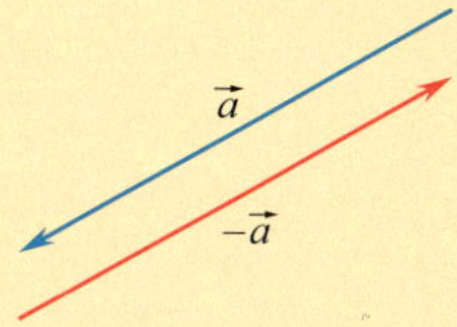
S-Multiplikation	$k \cdot \begin{pmatrix} a_x \\ a_y \end{pmatrix} = \begin{pmatrix} k \cdot a_x \\ k \cdot a_y \end{pmatrix}$	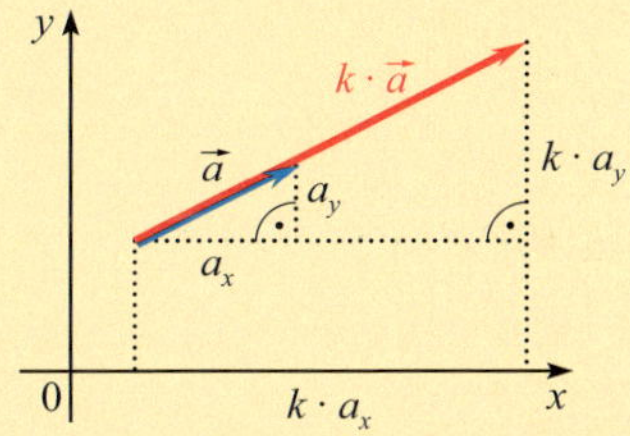
Betrag	$\lvert\vec{a}\rvert = \sqrt{a_x^2 + a_y^2}$	
Einheitsvektor	$\vec{a}^0 = \frac{1}{\lvert\vec{a}\rvert} \cdot \vec{a}$	$\lvert\vec{a}^0\rvert = 1$
Skalarprodukt	$\vec{a} \odot \vec{b} = \lvert\vec{a}\rvert \cdot \lvert\vec{b}\rvert \cdot \cos\varphi$ $\begin{pmatrix} a_x \\ a_y \end{pmatrix} \odot \begin{pmatrix} b_x \\ b_y \end{pmatrix} = a_x \cdot b_x + a_y \cdot b_y$	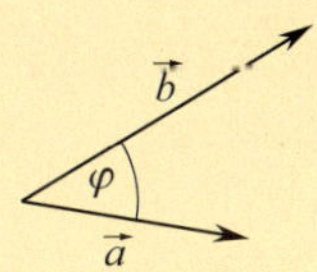
Winkel zwischen Vektoren	$\cos\varphi = \frac{\vec{a} \odot \vec{b}}{\lvert\vec{a}\rvert \cdot \lvert\vec{b}\rvert}$	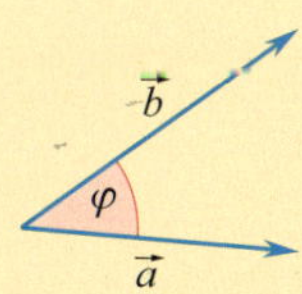
Orthogonalität	$\vec{a} \perp \vec{b} \quad \Leftrightarrow \quad \vec{a} \odot \vec{b} = 0$	

Mittelpunkt einer Strecke [AB]	$\vec{m}, \vec{a}, \vec{b}$ Ortsvektoren $\vec{m} = \frac{1}{2} \cdot (\vec{a} \oplus \vec{b})$ $M\left(\frac{a_x + b_x}{2} \middle\vert \frac{a_y + b_y}{2}\right)$	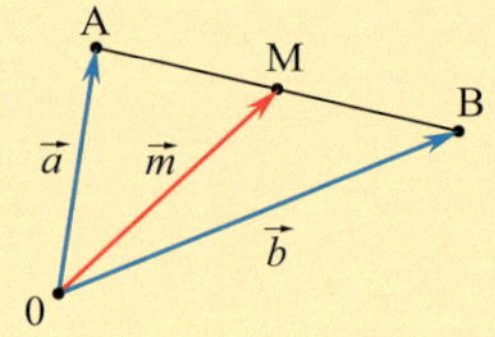
Schwerpunkt eines Dreiecks ABC	$\vec{s}, \vec{a}, \vec{b}, \vec{c}$ Ortsvektoren $\vec{s} = \frac{1}{3} \cdot (\vec{a} \oplus \vec{b} \oplus \vec{c})$ $S\left(\frac{a_x + b_x + c_x}{3} \middle\vert \frac{a_y + b_y + c_y}{3}\right)$	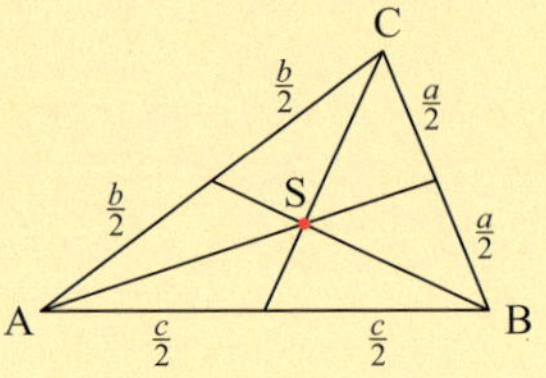
Flächeninhalt eines Parallelogramms	$A = \begin{vmatrix} u_x & v_x \\ u_y & v_y \end{vmatrix}$ FE $= (u_x \cdot v_y - u_y \cdot v_x)$ FE	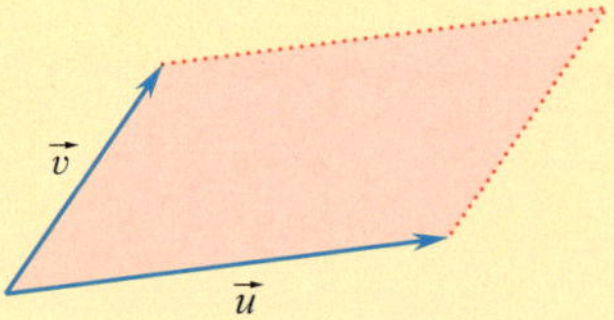
Flächeninhalt eines Dreiecks ABC	$A = \frac{1}{2} \cdot \begin{vmatrix} u_x & v_x \\ u_y & v_y \end{vmatrix}$ FE $= \frac{1}{2} \cdot (u_x \cdot v_y - u_y \cdot v_x)$ FE	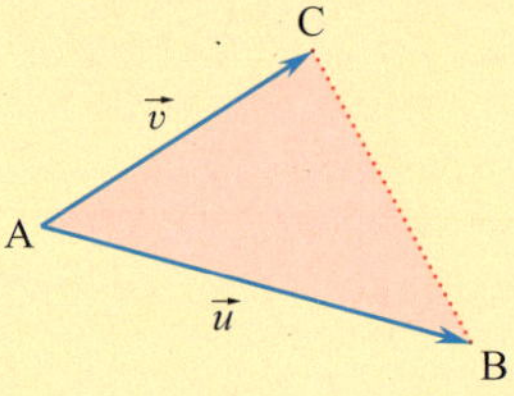

Abbildungsgleichungen (siehe Abbildungen, Seite 23)

Multiplikation einer Matrix mit einem Vektor

$$\begin{pmatrix} a & c \\ b & d \end{pmatrix} \odot \begin{pmatrix} x \\ y \end{pmatrix} = \begin{pmatrix} a \cdot x + c \cdot y \\ b \cdot x + d \cdot y \end{pmatrix}$$

Parallelverschiebung

$$\begin{pmatrix} x' \\ y' \end{pmatrix} = \begin{pmatrix} 1 & 0 \\ 0 & 1 \end{pmatrix} \odot \begin{pmatrix} x \\ y \end{pmatrix} \oplus \begin{pmatrix} v_x \\ v_y \end{pmatrix}$$

$\begin{pmatrix} v_x \\ v_y \end{pmatrix}$ Verschiebungsvektor

Drehung um den Ursprung

$$\begin{pmatrix} x' \\ y' \end{pmatrix} = \begin{pmatrix} \cos\alpha & -\sin\alpha \\ \sin\alpha & \cos\alpha \end{pmatrix} \odot \begin{pmatrix} x \\ y \end{pmatrix}$$

α Drehwinkel

$$\begin{pmatrix} x' \\ y' \end{pmatrix} = \begin{pmatrix} -1 & 0 \\ 0 & -1 \end{pmatrix} \odot \begin{pmatrix} x \\ y \end{pmatrix}$$

$\alpha = 180°$ (Punktspiegelung am Ursprung)

Achsenspiegelung an einer Ursprungsgeraden

$$\begin{pmatrix} x' \\ y' \end{pmatrix} = \begin{pmatrix} \cos(2 \cdot \varphi) & \sin(2 \cdot \varphi) \\ \sin(2 \cdot \varphi) & -\cos(2 \cdot \varphi) \end{pmatrix} \odot \begin{pmatrix} x \\ y \end{pmatrix}$$

φ Neigungswinkel der Spiegelachse gegen die x-Achse

Zentrische Streckung mit dem Ursprung als Streckungszentrum

$$\begin{pmatrix} x' \\ y' \end{pmatrix} = \begin{pmatrix} k & 0 \\ 0 & k \end{pmatrix} \odot \begin{pmatrix} x \\ y \end{pmatrix}$$

k Streckungsfaktor

Orthogonale Affinität mit der x-Achse als Affinitätsachse

$$\begin{pmatrix} x' \\ y' \end{pmatrix} = \begin{pmatrix} 1 & 0 \\ 0 & k \end{pmatrix} \odot \begin{pmatrix} x \\ y \end{pmatrix}$$

k Affinitätsmaßstab

Grundgrößen, Basiseinheiten

Name	Symbol	Einheit	Einheitenname
Länge	l	$[l] = 1\,\mathrm{m}$	Meter
Zeit	t	$[t] = 1\,\mathrm{s}$	Sekunde
Kraft	F	$[F] = 1\,\mathrm{N}$	Newton
Masse	m	$[m] = 1\,\mathrm{kg}$	Kilogramm
Temperatur	ϑ	$[\vartheta] = 1\,^\circ\mathrm{C}$	Grad Celsius
Absolute Temperatur	T	$[T] = 1\,\mathrm{K}$	Kelvin
Elektrische Ladung	Q	$[Q] = 1\,\mathrm{C}$	Coulomb

Wichtige abgeleitete Größen und ihre Einheiten

Größe	Formel	Erläuterungen	Einheit	
Ortsfaktor	$g = \frac{F_G}{m}$	F_G Gewichtskraft m Masse	$[g] = 1\,\frac{\mathrm{N}}{\mathrm{kg}}$	
Dichte	$\varrho = \frac{m}{V}$	m Masse V Volumen	$[\varrho] = 1\,\frac{\mathrm{kg}}{\mathrm{m}^3}$	
Geschwindigkeit	$v = \frac{s}{t}$	s zurückgelegter Weg t benötigte Zeit	$[v] = 1\,\frac{\mathrm{m}}{\mathrm{s}}$	
Frequenz	$f = \frac{n}{t}$ $f = \frac{1}{T}$	n Anzahl der Schwingungen t verstrichene Zeit T Schwingungsdauer	$[f] = \frac{1}{\mathrm{s}}$ $\frac{1}{\mathrm{s}} = 1\,\mathrm{Hz}$	Hertz
Mechanische Arbeit	$W = F \cdot s$	F Kraft s zurückgelegter Weg	$[W] = 1\,\mathrm{Nm}$ $1\,\mathrm{Nm} = 1\,\mathrm{J}$	Joule
Leistung	$P = \frac{W}{t}$	W Arbeit t benötigte Zeit	$[P] = 1\,\frac{\mathrm{J}}{\mathrm{s}}$ $1\,\frac{\mathrm{J}}{\mathrm{s}} = 1\,\mathrm{W}$	Watt

Größe	Formel	Erläuterungen	Einheit
Drehmoment	$M = F \cdot a$	F Kraft a Hebelarm	$[M] = 1\,\mathrm{Nm}$
Druck	$p = \frac{F_N}{A}$	F_N Normalkraft A Fläche	$[p] = 1\,\frac{\mathrm{N}}{\mathrm{m}^2}$ $1\,\frac{\mathrm{N}}{\mathrm{m}^2} = 1\,\mathrm{Pa}$ **Pascal**
Stromstärke	$I = \frac{Q}{t}$	Q Ladung t Zeit	$[I] = 1\,\frac{\mathrm{C}}{\mathrm{s}}$ $1\,\frac{\mathrm{C}}{\mathrm{s}} = 1\,\mathrm{A}$ **Ampere**
Spannung	$U = \frac{W}{Q}$	W elektrische Arbeit Q Ladung	$[U] = 1\,\frac{\mathrm{J}}{\mathrm{C}}$ $1\,\frac{\mathrm{J}}{\mathrm{C}} = 1\,\mathrm{V}$ **Volt**
Leitwert	$G = \frac{I}{U}$	I Stromstärke U Spannung	$[G] = 1\,\frac{\mathrm{A}}{\mathrm{V}}$ $1\,\frac{\mathrm{A}}{\mathrm{V}} = 1\,\mathrm{S}$ **Siemens**
Widerstand	$R = \frac{U}{I}$	U Spannung I Stromstärke	$[R] = 1\,\frac{\mathrm{V}}{\mathrm{A}}$ $1\,\frac{\mathrm{V}}{\mathrm{A}} = 1\,\Omega$ **Ohm**
Aktivität	$A = \frac{n}{\Delta t}$	n Anzahl der Zerfälle Δt verstrichene Zeit	$[A] = \frac{1}{\mathrm{s}}$ $\frac{1}{\mathrm{s}} = 1\,\mathrm{Bq}$ **Decquerel**
Energiedosis	$D = \frac{E}{m}$	E aufgenommene Energie m Masse	$[D] = 1\,\frac{\mathrm{J}}{\mathrm{kg}}$ $1\,\frac{\mathrm{J}}{\mathrm{kg}} = 1\,\mathrm{Gy}$ **Gray**
Äquivalentdosis	$H = q \cdot D$	q Qualitätsfaktor D Energiedosis	$[H] = 1\,\frac{\mathrm{J}}{\mathrm{kg}}$ $1\,\frac{\mathrm{J}}{\mathrm{kg}} = 1\,\mathrm{Sv}$ **Sievert**

Physikalische Gesetzmäßigkeiten

Mechanik

Kräfteaddition, Kräftezerlegung

Kräfteparallelogramm

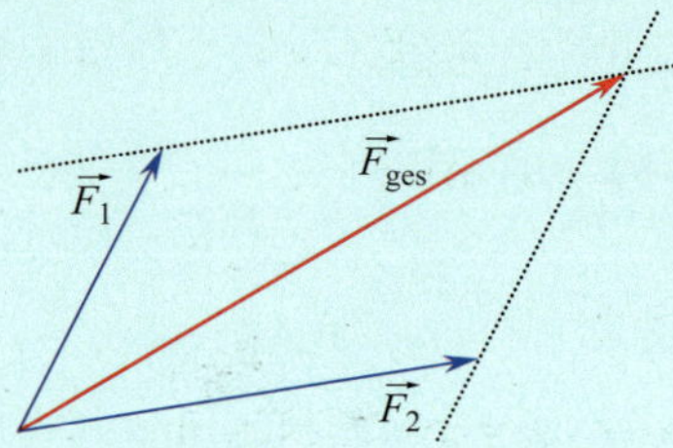

Schiefe Ebene

Hangabtriebskraft F_H

Normalkraft F_N

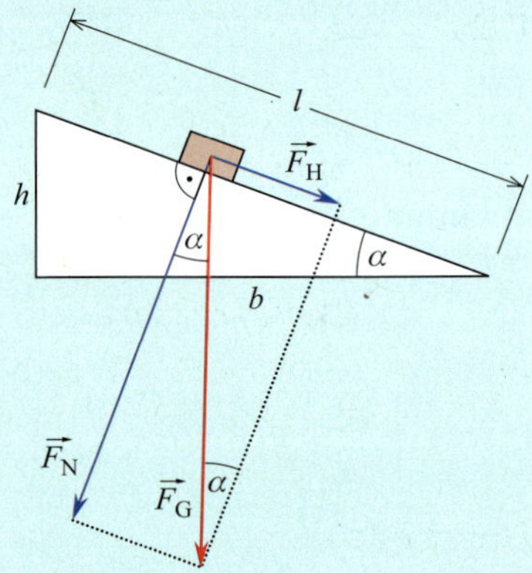

F_G Gewichtskraft

Hubarbeit	$W_{Hub} = F_G \cdot h$	F_G Gewichtskraft h Hubhöhe
Potenzielle Energie	$E_{pot} = F_G \cdot h$	F_G Gewichtskraft h Höhe
Wirkungsgrad	$\eta = \frac{W_{ab}}{W_{zu}}$	W_{ab} abgegebene Energie W_{zu} zugeführte Energie

Reibung

Reibungskraft $F_R = \mu \cdot F_N$ — F_N Normalkraft

Reibungskoeffizient $\mu = \frac{F_R}{F_N}$

Reibungsarbeit $W_R = F_R \cdot s$ — s zurückgelegter Weg

Hebel

Gleichgewichtsbedingung

Hebelgesetz $M_L = M_R$

M_L Summe der linksdrehenden Drehmomente

M_R Summe der rechtsdrehenden Drehmomente

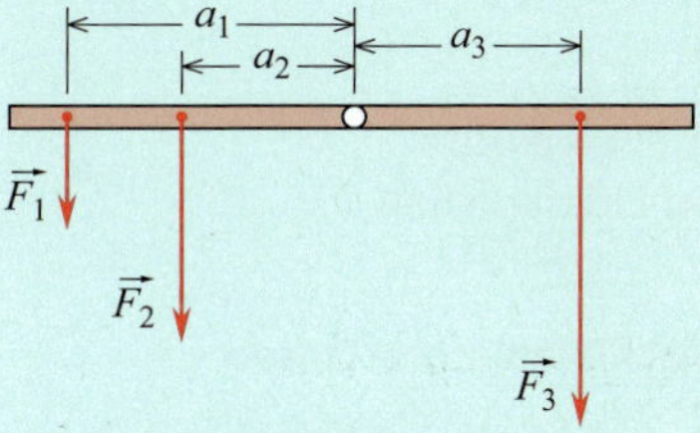

$$F_1 \cdot a_1 + F_2 \cdot a_2 = F_3 \cdot a_3$$

Flaschenzug

Haltekraft im Gleichgewicht $F_{Halte} = \frac{1}{n} \cdot F_G$

$$s = n \cdot \Delta h$$

n Anzahl der lasttragenden Seilstücke

F_G Gewichtskraft der Last

Δh Lasthubhöhe

s einzuholende Seillänge

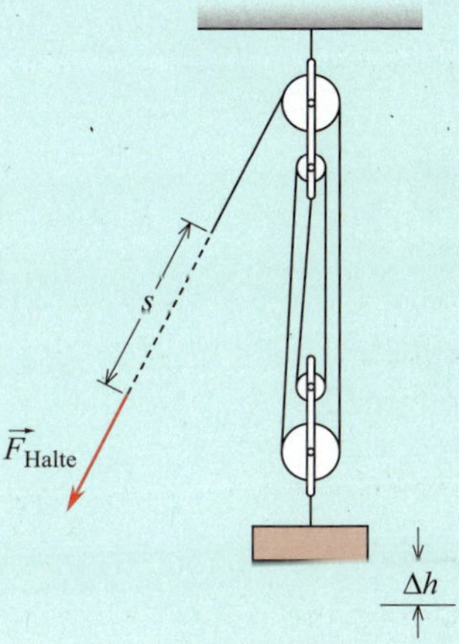

Hydraulik

Hydraulischer Kraftwandler

Gleichgewichtsbedingung	$p_1 = p_2$ $\frac{F_1}{A_1} = \frac{F_2}{A_2}$	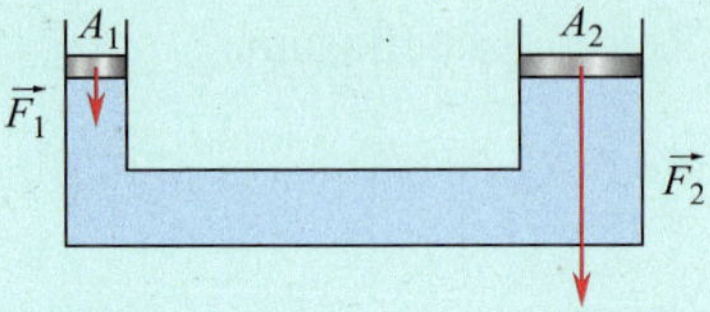

Schweredruck in Flüssigkeiten	$p_S = \varrho_{Fl} \cdot g \cdot h$	ϱ_{Fl} Dichte der Flüssigkeit h Tiefe

Archimedisches Gesetz

Auftriebskraft	$F_A = \varrho_{Fl} \cdot g \cdot V_{Fl}$ ϱ_{Fl} Dichte der Flüssigkeit V_{Fl} Volumen der verdrängten Flüssigkeit	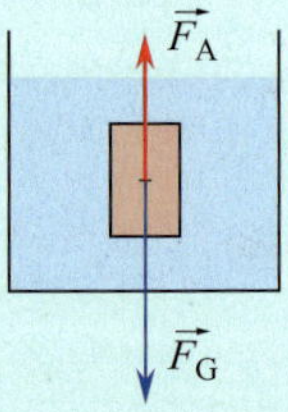
Schweben, Schwimmen	$F_A = F_G$	

Wärmelehre

Temperaturänderung	$\Delta\vartheta = \vartheta_2 - \vartheta_1$ $\Delta T = T_2 - T_1$	ϑ_1, T_1 Anfangstemperaturen ϑ_2, T_2 Endtemperaturen

Celsius-Skala
Kelvin-Skala

Celsius-Skala	−273 °C	0 °C	100 °C
Kelvin-Skala	0 K	273 K	373 K

Wärme

	$W_{th} = c \cdot m \cdot \Delta\vartheta$	m Masse $\Delta\vartheta$ Temperaturänderung
Spezifische Wärmekapazität	$c = \frac{W_{th}}{m \cdot \Delta\vartheta}$	$[c] = 1\ \frac{J}{kg \cdot K}$

Wärmeaustausch

bei Körpern unterschiedlicher Temperatur

Energiebilanz	$W_{th_{ab}} + W_{th_{auf}} = 0$	$W_{th_{ab}}$ abgegebene Wärme $W_{th_{auf}}$ aufgenommene Wärme

Verdampfung

Verdampfungsenergie	$W_V = w_V \cdot m$	m Masse
Spezifische Verdampfungsenergie	$w_V = \frac{W_V}{m}$	$[w_V] = 1\ \frac{J}{kg}$

Längenänderung bei Temperaturänderung

	$\Delta l = l_0\ \alpha\ \Delta\vartheta$	l_0 Anfangslänge $\Delta\vartheta$ Temperaturänderung
Längenausdehnungskoeffizient	$\alpha = \frac{\Delta l}{l_0 \cdot \Delta\vartheta}$	$[\alpha] = \frac{1}{K}$

Volumenänderung bei Temperaturänderung

$$\Delta V = V_0 \cdot \gamma \cdot \Delta\vartheta$$

V_0 Anfangsvolumen
$\Delta\vartheta$ Temperaturänderung

Volumenausdehnungskoeffizient $\gamma = \frac{\Delta V}{V_0 \cdot \Delta\vartheta}$ $[\gamma] = \frac{1}{\mathrm{K}}$

für feste Körper: $\gamma = 3 \cdot \alpha$

für Gase: $\gamma = \frac{1}{273\,\mathrm{K}}$

α Längenausdehnungskoeffizient

Zustandsgleichung idealer Gase

$$\frac{p_1 \cdot V_1}{T_1} = \frac{p_2 \cdot V_2}{T_2}$$

Boyle-Mariotte'sches Gesetz

$T = \text{konst.}$ $p_1 \cdot V_1 = p_2 \cdot V_2$ Isotherme Zustandsänderung

Gay-Lussac'sches Gesetz

$p = \text{konst.}$ $\frac{V_1}{T_1} = \frac{V_2}{T_2}$ Isobare Zustandsänderung

Volumenarbeit

$$W_{\mathrm{Vol}} = p \cdot \Delta V$$

p Druck
ΔV Volumenänderung

1. Hauptsatz der Wärmelehre

Energieerhaltung bei thermischen Prozessen

Energiebilanz $W_{\mathrm{th}} = W_{\mathrm{Vol}} + \Delta E_{\mathrm{i}}$

W_{th} Wärme
W_{Vol} Volumenarbeit
ΔE_{i} Änderung der inneren Energie

Optik

Lichtreflexion am ebenen Spiegel

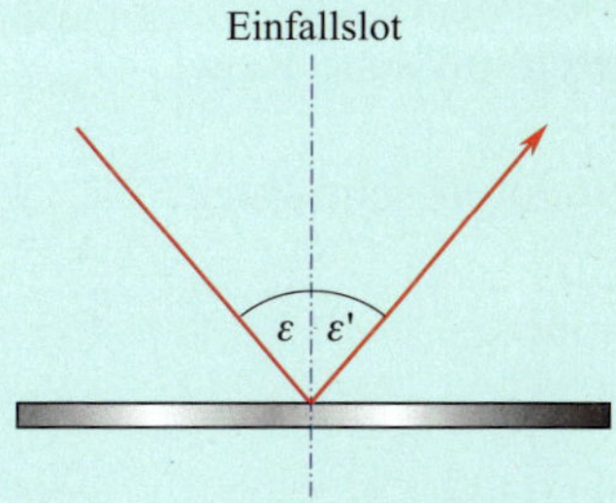

Reflexionsgesetz $\varepsilon = \varepsilon'$

Einfallswinkel = Reflexionswinkel

Elektrik

Widerstand eines Drahts

Widerstand	$R = \frac{\varrho \cdot l}{A}$	l Drahtlänge A Drahtquerschitt
Spezifischer Widerstand	$\varrho = \frac{R \cdot A}{l}$	$[\varrho] = 1\,\frac{\Omega \cdot mm^2}{m}$
Ohm'sches Gesetz	$G = \frac{I}{U}$	G Leitwert
Elektrische Arbeit	$W_{el} = U \cdot I \cdot t$	$[W_{el}] = 1\,V \cdot A \cdot s$ $1\,V \cdot A \cdot s = 1\,J$
Elektrische Leistung	$P_{el} = U \cdot I$	$[P_{el}] = 1\,V \cdot A$ $1\,V \cdot A = 1\,W$

Unverzweigter Stromkreis (Reihenschaltung)

Reihenschaltung von drei Widerständen

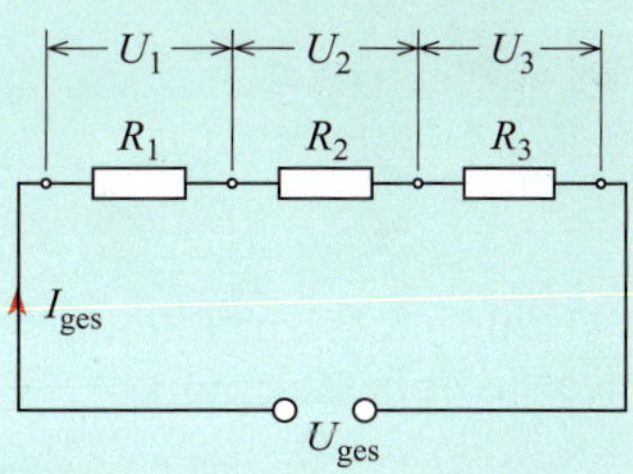

Stromstärke	$I_{ges} = I_1 = I_2 = \ldots = I_n$
Spannung	$U_{ges} = U_1 + U_2 + \ldots + U_n$
Widerstand	$R_{ges} = R_1 + R_2 + \ldots + R_n$

Verzweigter Stromkreis (Parallelschaltung)

1. Kirchhoff'sche Regel $I_{ges} = I_1 + I_2 + \ldots + I_n$

2. Kirchhoff'sche Regel $I_n : I_m = R_m : R_n$

Spannung $U_{ges} = U_1 = U_2 = \ldots = U_n$

Widerstand $\frac{1}{R_{ges}} = \frac{1}{R_1} + \frac{1}{R_2} + \ldots + \frac{1}{R_n}$

Parallelschaltung von drei Widerständen

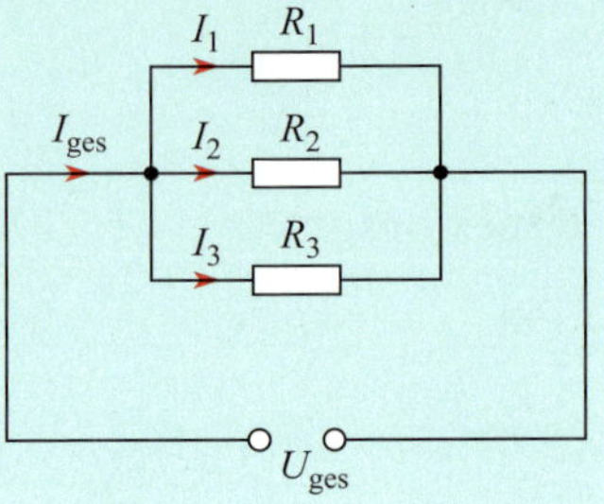

Messbereichserweiterung

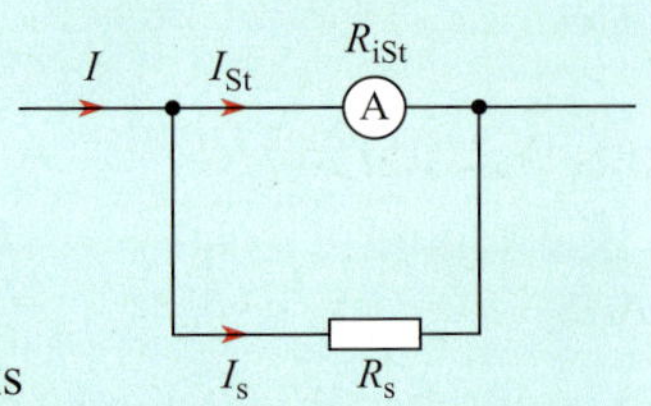

Stromstärkemessung $R_s \cdot I_s = R_{iSt} \cdot I_{St}$

R_S Parallelwiderstand (Shunt)
R_{iSt} Innenwiderstand des Stromstärkemesswerks

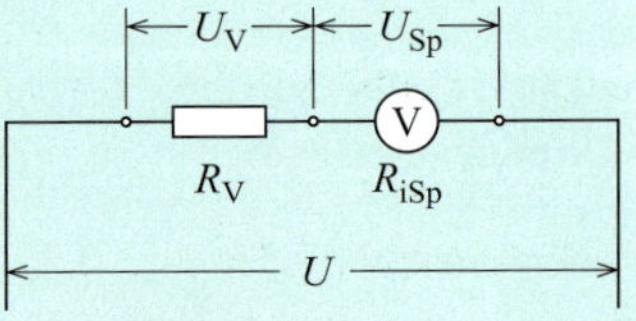

Spannungsmessung $\frac{U_V}{R_V} = \frac{U_{Sp}}{R_{iSp}}$

R_V Vorwiderstand
R_{iSp} Innenwiderstand des Spannungsmesswerks

Teilspannungen im Stromkreis

$U_0 = U_i + U_b$

U_0 Quellenspannung
U_i Spannungsabfall am Innenwiderstand
U_b Betriebsspannung

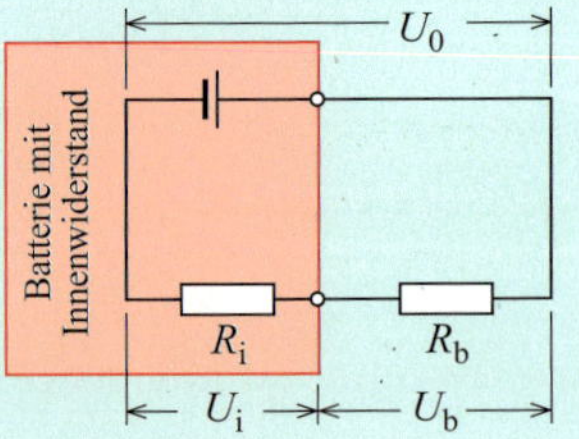

Radioaktivität

Zerfallsgesetz für radioaktive Stoffe

Anzahl nicht zerfallener Kerne zum Zeitpunkt t $N(t) = N_0 \cdot \left(\frac{1}{2}\right)^{\frac{t}{T}}$

N_0 Anzahl nicht zerfallener Kerne zum Zeitpunkt $t = 0$
T Halbwertszeit

Zehnerpotenzen und Vorsilben

Vorsilbe	Zeichen	Faktor
Tera	T	10^{12}
Giga	G	10^{9}
Mega	M	10^{6}
Kilo	k	10^{3}
Hekto	h	10^{2}
Deka	da	10^{1}

Vorsilbe	Zeichen	Faktor
Dezi	d	10^{-1}
Zenti	c	10^{-2}
Milli	m	10^{-3}
Mikro	μ	10^{-6}
Nano	n	10^{-9}
Pico	p	10^{-12}

Naturkonstanten

Ortsfaktor bei 45° geografischer Breite	$g = 9{,}81\,\frac{\mathrm{N}}{\mathrm{kg}}$
Lichtgeschwindigkeit im Vakuum	$c_0 = 2{,}998 \cdot 10^{8}\,\frac{\mathrm{m}}{\mathrm{s}}$
Schallgeschwindigkeit in Luft bei Normaldruck und 20 °C	$v_{\mathrm{Schall}} = 332\,\frac{\mathrm{m}}{\mathrm{s}}$
Elementarladung	$e = 1{,}602 \cdot 10^{-19}\,\mathrm{C}$

Dichte

Feste Stoffe	ϱ in $\frac{kg}{dm^3}$
Aluminium	2,702
Blei	11,34
Diamant	3,51
Eis (0 °C)	0,917
Fichtenholz	0,4 … 0,7
Gold	19,29
Granit	2,6 … 3,0
Kupfer	8,933
Messing	8,3 … 8,6
Platin	21,45
Silber	10,5
Silicium	2,33
Stahl (V2A-Stahl)	7,9
Titan	4,15
Uran	19,1
Wolfram	19,27
Zinkblech	7,0
Zinn, gegossen	7,2

Flüssigkeiten bei 20 °C	ϱ in $\frac{kg}{dm^3}$
Benzin	0,78
Benzol	0,878
Erdöl	0,73 … 0,94
Ethanol	0,789
Glyzerin	1,261
Heizöl	0,95 … 1,08
Olivenöl	0,91
Paraffinöl	0,9 … 1,0
Petroleum	0,81
Quecksilber	13,546
Spiritus	0,83
Terpentinöl	0,855
Tetrachlorkohlenstoff	1,594
Wasser	0,9982

Gase bei 0 °C und 1013 hPa	ϱ in $\frac{kg}{dm^3}$
Argon	0,001784
Butan	0,002703
Chlor	0,003214
Helium	0,0001785
Kohlenstoffdioxid	0,0019769
Krypton	0,003744
Luft	0,0012923
Neon	0,0009002
Propan	0,0020096
Sauerstoff	0,00142895
Stickstoff	0,0012505
Wasserdampf (100 °C)	0,000768
Wasserstoff	0,00008989
Xenon	0,005897

Reibungszahlen

Stoffpaar trocken	**Haftreibungszahl** μ_H	**Gleitreibungszahl** μ_G
Eiche auf Eiche	0,54	0,34
Messing auf Eiche	0,62	0,60
Stahl auf Eis	0,027	0,014
Stahl auf Stahl	0,15	0,12

Brechzahl

Medium bezogen auf Luft von 20°C und 1013 hPa für $\lambda = 589{,}3$ nm	**Brechzahl** n
Diamant	2,4173
Eis (0 °C)	1,3091
Ethanol	1,361
Glas (Flintglas)	1,61279
Plexiglas	1,491
Wasser	1,33299

Längenausdehnungskoeffizient

Festkörper (0 ... 100°C)	α in $10^{-6}\,\frac{1}{K}$
Aluminium	23,8
Blei	29,4
Diamant	1,3
Eis (0 °C)	0,502
Eisen	12,1
Glas (Flintglas)	7,9
Gold	14,3
Granit	3 ... 8
Kupfer	16,8
Messing	16,7
Natriumchlorid	40
Platin	9,1
Silber	19,7
Silicium	7,6
Stahl (V2A-Stahl)	16
Titan	8,35

Volumenausdehnungskoeffizient

Flüssigkeit bei 20°C	γ in $10^{-5}\,\frac{1}{K}$
Aceton	149
Benzin	106
Benzol	123
Diethylether	162
Essigsäure	107
Ethanol	110
Glyzerin	47
Methanol	120
Nitrobenzol	83
Olivenöl	72
Petroleum	96
Quecksilber	18,2
Schwefelsäure	57
Siliconöl	90 ... 160
Terpentinöl	97
Wasser	20,7

Aggregatzustandsänderungen

Stoff	Schmelztemperatur ϑ_s in °C	spez. Schmelzenergie w_s in $\frac{kJ}{kg}$	Siedetemperatur ϑ_v in °C	spez. Verdampfungsenergie w_v in $\frac{kJ}{kg}$
Aluminium	660	397	2450	10900
Blei	327	23,0	1750	8600
Butan	−138	29,3	−0,65	385
Eisen	1535	277	2735	6339
Ethanol	−114	108	78,3	840
Glyzerin	18,4	201	291	825
Gold	1064	65,7	2700	1650
Kohlenstoffdioxid	−56,6	184	−78,5	574
Kupfer	1083	205	2590	4790
Lithium	180	603	1330	20500
Methan	−183	58,6	−162	510
Methanol	−97,7	92	64,6	1100
Natriumchlorid	801	500	1465	2900
Platin	1769	111	4300	2290
Quecksilber	−38,9	11,8	356,6	285
Sauerstoff	−219	13,8	−183	213
Silber	961	105	2180	2350
Silicium	1420	164	2355	14050
Stickstoff	−210	25,8	−195,8	201
Titan	1725	324	3300	8980
Wasser	0	334	100	2257
Wasserstoff	−259	58,6	−252,8	461
Wolfram	3380	192	5500	4350
Xenon	−112	17,6	−108,2	96

Spezifische Wärmekapazität

Stoff bei 20 °C	c in $\frac{kJ}{kg \cdot K}$
Aluminium	0,896
Benzol	1,725
Blei	0,129
Diamant	0,502
Eis (0 °C)	2,1
Eisen	0,452
Ethanol	2,43
Glas (Flintglas)	0,481
Glyzerin	2,39
Gold	0,129
Granit	0,75
Holz, trocken	≈ 1,5
Kupfer	0,382
Lithium	3,55
Marmor	0,80
Messing	0,384
Methanol	2,495
Natriumchlorid	0,867
Olivenöl	1,97
Platin	0,133
Quecksilber	0,139
Silber	0,235
Stahl (V2A-Stahl)	0,50
Terpentinöl	1,80
Titan	0,520
Wasser	4,182
Wolfram	0,134

Spezifischer Widerstand

Stoff bei 20 °C	ϱ in $\frac{\Omega \cdot mm^2}{m}$
Aluminium	0,027
Bernstein	$> 10^{16}$
Blei	0,208
Eisen	0,10
Glas (Flintglas)	$3 \cdot 10^8$
Gold	0,022
Grafit	8,00
Kohlebürsten	40
Konstantan	0,50
Kupfer	0,0172
Magnesium	0,044
Marmor	$10^7 \ldots 10^8$
Papier	$10^{15} \ldots 10^{16}$
Paraffin	$10^{14} \ldots 10^{16}$
Platin	0,107
Plexiglas	10^{13}
Porzellan	$5 \cdot 10^{12}$
Quarzglas	$5 \cdot 10^{16}$
Quecksilber	0,96
Silber	0,016
Silicium	$1{,}2 \cdot 10^7$
Wasser, destilliert	$(1 \ldots 4) \cdot 10^4$
Wolfram	0,055
Zink	0,061
Zinn	0,11

Heizwert

Feststoffe, Flüssigkeiten	H in $\frac{MJ}{kg}$
Benzin	≈ 42
Braunkohle, hart	17
Braunkohlebrikett	20
Diesel, Heizöl	≈ 41
Ethanol	27
Holz, trocken	16
Holzkohle	31
Petroleum	≈ 40,8
Steinkohle	30
Torf, lufttrocken	14

Gase	H in $\frac{MJ}{m^3}$
Butan	124
Erdgas, trocken	≈ 29
Methan	35,9
Propan	93,4
Stadtgas	≈ 20
Wasserstoff	10,8

Halbwertszeit

Isotop	T
H^3	12,323 a
N^{13}	9,96 min
C^{14}	5730 a
Cl^{38}	37,18 min
Cu^{64}	12,9 h
Sr^{90}	28,64 a
I^{129}	$1,57 \cdot 10^7$ a
I^{130}	12,36 h
Cs^{135}	$2,0 \cdot 10^6$ a
Hg^{203}	46,59 d
Po^{210}	138,38 d
Rn^{222}	3,825 d
Ra^{226}	$1,6 \cdot 10^3$ a
Th^{232}	$1,405 \cdot 10^{10}$ a
U^{235}	$7,038 \cdot 10^8$ a
U^{238}	$4,468 \cdot 10^9$ a
Pu^{239}	$2,411 \cdot 10^4$ a

Chemische Elemente

Element	Symbol	Ordnungszahl	Schmelztemperatur ϑ_s in °C	Siedetemperatur ϑ_v in °C	Dichte ϱ in $\frac{kg}{dm^3}$	Elektronegativität nach Pauling
Actinium	Ac	89	1050	3200	10,1	1,1
Aluminium	Al	13	660	2467	2,70	1,61
Americum	Am	95	994	2607	13,7	(1,3)
Antimon	Sb	51	631	1750	6,68	2,05
Argon	Ar	18	−189	−186	0,0017837	–
Arsen	As	33	613	817	5,72	2,18
Astat	At	85	302	337	–	2,2
Barium	Ba	56	725	1640	3,50	0,89
Berkelium	Bk	97	–	–	(14,0)	(1,3)
Beryllium	Be	4	1280	2970	1,85	1,57
Bismut	Bi	83	271	1560	9,8	2,02
Blei	Pb	82	327	1740	11,4	1,87
Bohrium	Bh	107	–	–	–	–
Bor	B	5	2300	2550	2,34	2,04
Brom	Br	35	−7	59	3,12	2,96
Cadmium	Cd	48	321	765	8,65	1,69
Caesium	Cs	55	28	678	1,87	0,79
Calcium	Ca	20	839	1484	1,55	1,00
Californium	Cf	98	–		–	(1,3)

Element	Symbol	Ordnungszahl	Schmelz-temperatur ϑ_s in °C	Siede-temperatur ϑ_v in °C	Dichte ϱ in $\frac{kg}{dm^3}$	Elektronegativität nach Pauling
Cer	Ce	58	799	3426	6,78	1,12
Chlor	Cl	17	−101	−35	0,003214	3,16
Chrom	Cr	24	1857	2672	7,20	1,66
Cobalt	Co	27	1495	2870	8,90	1,88
Curium	Cm	96	1340	–	(13,5)	(1,3)
Darmstadtium	Ds	110	–	–	–	–
Dubnium	Db	105	–	–	–	–
Dysprosium	Dy	66	1412	2562	8,54	1,22
Einsteinium	Es	99	–	–	–	(1,3)
Eisen	Fe	26	1535	2750	7,86	1,83
Erbium	Er	68	1529	2863	9,05	1,24
Europium	Eu	63	822	1597	5,26	1,2
Fermium	Fm	100	–	–	–	(1,3)
Fluor	F	9	−219	−188	0,001696	3,98
Francium	Fr	87	27	677	–	0,7
Gadolinium	Gd	64	1313	3266	7,89	1,29
Gallium	Ga	31	30	2403	5,91	1,81
Germanium	Ge	32	937	2830	5,32	2,01
Gold	Au	79	1064	2807	19,32	2,54

Element	Symbol	Ordnungszahl	Schmelztemperatur ϑ_s in °C	Siedetemperatur ϑ_v in °C	Dichte ϱ in $\frac{kg}{dm^3}$	Elektronegativität nach Pauling
Hafnium	Hf	72	2227	4602	13,1	1,3
Hassium	Hs	108	–	–	–	–
Helium	He	2	–272	–269	0,0001785	–
Holmium	Ho	67	1474	2695	8,80	1,23
Indium	In	49	157	2080	7,31	1,78
Iod	I	53	113	184	4,94	2,66
Iridium	Ir	77	2410	4130	22,5	2,20
Kalium	K	19	63	760	0,86	0,82
Kohlenstoff	C	6	3550	4827	2,25	2,55
Krypton	Kr	36	–157	–152	0,00336	–
Kupfer	Cu	29	1083	2567	8,92	1,90
Lanthan	La	57	921	3457	6,17	1,10
Lawrencium	Lr	103	–	–	–	–
Lithium	Li	3	180	1347	0,53	0,98
Lutetium	Lu	71	1658	3395	9,84	1,27
Magnesium	Mg	12	649	1107	1,74	1,31
Mangan	Mn	25	1244	1962	7,20	1,55
Meitnerium	Mt	109	–	–	–	–
Mendelevium	Md	101	–	–	–	(1,3)

Element	Symbol	Ordnungszahl	Schmelz-temperatur ϑ_s in °C	Siede-temperatur ϑ_v in °C	Dichte ϱ in $\frac{kg}{dm^3}$	Elektronegativität nach Pauling
Molybdän	Mo	42	2617	4612	10,2	2,16
Natrium	Na	11	98	883	0,97	0,93
Neodym	Nd	60	1024	3068	7,00	1,14
Neon	Ne	10	–249	–246	0,00090035	–
Neptunium	Np	93	640	3902	20,4	1,36
Nickel	Ni	28	1453	2730	8,90	1,91
Niob	Nb	41	2468	4742	8,57	1,6
Nobelium	No	102	–	–	–	(1,3)
Osmium	Os	76	3045	5027	22,4	2,2
Palladium	Pd	46	1554	2970	12,0	2,20
Phosphor	P	15	44	280	1,82	2,19
Platin	Pt	78	1772	3827	21,4	2,28
Plutonium	Pu	94	641	3232	19,8	1,28
Polonium	Po	84	254	962	9,4	2,0
Praseodym	Pr	59	931	3512	6,77	1,13
Proactinium	Pa	91	1554	–	15,4	1,5
Promethium	Pm	61	1080	2460	7,22	1,14
Quecksilber	Hg	80	–39	357	13,53	2,00
Radium	Ra	88	700	1140	5,0	0,9

Element	Symbol	Ordnungszahl	Schmelztemperatur ϑ_s in °C	Siedetemperatur ϑ_v in °C	Dichte ϱ in $\frac{kg}{dm^3}$	Elektronegativität nach Pauling
Radon	Rn	86	−71	−62	0,00973	–
Rhenium	Re	75	3180	5627	21,0	1,9
Rhodium	Rh	45	1966	3727	12,4	2,28
Roentgenium	Rg	111	–	–	–	–
Rubidium	Rb	37	39	688	1,53	0,82
Ruthenium	Ru	44	2310	3900	12,2	2,2
Rutherfordium	Rf	104	–	–	–	–
Samarium	Sm	62	1077	1791	7,54	1,17
Sauerstoff	O	8	−219	−183	0,00142904	3,44
Scandium	Sc	21	1541	2831	3,0	1,36
Schwefel	S	16	113	445	2,07	2,58
Seaborgium	Sg	106	–	–	–	–
Selen	Se	34	217	685	4,80	2,55
Silber	Ag	47	962	2212	10,5	1,93
Silicium	Si	14	1410	2355	2,33	1,90
Stickstoff	N	7	−210	−196	0,00125055	3,04
Strontium	Sr	38	769	1384	2,6	0,95
Tantal	Ta	73	2996	5425	16,6	1,5
Technetium	Tc	43	2172	4877	11,5	1,9

Element	Symbol	Ordnungszahl	Schmelztemperatur ϑ_s in °C	Siedetemperatur ϑ_v in °C	Dichte ϱ in $\frac{kg}{dm^3}$	Elektronegativität nach Pauling
Tellur	Te	52	449	990	6,24	2,1
Terbium	Tb	65	1360	3123	8,27	1,2
Thallium	Tl	81	303	1457	11,85	2,04
Thorium	Th	90	1750	4790	11,7	1,1
Thulium	Tm	69	1545	1947	9,33	1,25
Titan	Ti	22	1660	3287	4,50	1,54
Uran	U	92	1132	3818	18,90	1,38
Vanadium	V	23	1890	3380	5,96	1,63
Wasserstoff	H	1	−259	−253	0,00008988	2,20
Wolfram	W	74	3410	5660	19,3	2,36
Xenon	Xe	54	−112	−107	0,00587	–
Ytterbium	Yb	70	824	1194	6,98	1,1
Yttrium	Y	39	1522	3338	4,47	1,22
Zink	Zn	30	419	906	7,14	1,65
Zinn	Sn	50	232	2270	7,30	1,80
Zirconium	Zr	40	1852	4377	6,49	1,33

Stichwortverzeichnis Mathematik

Stichwortverzeichnis Physik/Chemie

Umschlagentwurf: Erasmi & Stein
Technische Zeichnungen: Detlef Seidensticker, München
Herstellung und Layout: Heiko Jegodtka
Lektorat: Michael Link

www.oldenbourg.de

1. Auflage, 7. Druck 2016

Alle Drucke dieser Auflage sind inhaltlich unverändert und können im Unterricht nebeneinander verwendet werden.

© 2007 Oldenbourg Schulbuchverlag GmbH, München
© 2016 Cornelsen Verlag GmbH, Berlin

Das Werk und seine Teile sind urheberrechtlich geschützt.
Jede Nutzung in anderen als den gesetzlich zugelassenen Fällen bedarf der vorherigen schriftlichen Einwilligung des Verlages.
Hinweis zu den §§ 46, 52 a UrhG: Weder das Werk noch seine Teile dürfen ohne eine solche Einwilligung eingescannt und in ein Netzwerk eingestellt oder sonst öffentlich zugänglich gemacht werden.
Dies gilt auch für Intranets von Schulen und sonstigen Bildungseinrichtungen.

Druck: Beltz Bad Langensalza GmbH

ISBN 978-3-637-00295-1

PEFC zertifiziert
Dieses Produkt stammt aus nachhaltig bewirtschafteten Wäldern und kontrollierten Quellen.
www.pefc.de
PEFC/04-31-2257